AUTO REPAIR MASTER MECHANIC

함께하는
자동차정비
기능장의 길

작업형

➤ 시험개요

자동차의 제작 및 부품생산이 첨단기술화 되어감에 따라 자동차정비는 단순한 재생수리 에서 종합정비 형태로 바뀌어가고 있으며, 시설장비의 현대화와 정비기술의 고도화가 추구되고 있다. 이에 따라 자동차정비의 효율성 및 안전성을 위한 제반 환경을 조성하고, 기능인력을 지도·감독할 최상급의 숙련기능인력을 양성하기 위하여 자격을 제정하였다.

➤ 진로 및 전망

① 진로
- 자동차생산업체의 생산, 판매 및 A/S부서와 외제차수입업체, 자동차정비업체, 자동차운수업체 등에 취업한다.
- 카센타, 카인테리어, 밧데리점, 튜닝전문점, 오토매틱전문점을 개업한다.
- 직업능력개발훈련교사로도 진출할 수 있다.
- 「자동차관리법」에 의해 자동차운수사업체, 자동차점검정비업체의 정비관리자로 고용될 수 있다.

② 전망
- 자동차생산기술 발달의 품질향상에 의해 고장률과 사고의 감소로 정비인력을 줄어들겠지만, 동시에 자동차선택사양의 다양화와 액세서리 부속품의 장착 및 고장수리 등에 대한 수요는 증가할 것으로 보인다. 기술적인 면에서도 자동차전기 및 전자관련 기술에서의 수요가 증가할 전망이다.
- 장기적으로는 카일렉트로닉스산업의 발전으로 재래차의 혁신적 대체를 목적으로 하는 '전기자동차 및 하이브리드차'등 미래형 자동차의 개발과 재래차의 점진적 개량을 목적으로 하는 환경·안전장치(충동경보장치, 헤드업디스플레이, 경량신소재차, ECU 등), 편익증대장치(내비게이션 시스템, 전자조향장치, 전자완충장치 등)등의 개발이 이루어질 전망이다.

➤ 취득방법

① 시 행 처 : 한국산업인력공단(http://www.q-net.or.kr)
② 관련학과 : 대학 및 전문대학의 자동차정비, 자동차공학, 자동차시스템 관련학과
③ 시험과목 : 자동차정비 실무
④ 검정방법 : 복합형[필답형(1시간 30분, 50점)+작업형(6시간 30분, 50점)
⑤ 합격기준 : 100점 만점 기준 60점 이상

➤ 시험일정

구분	실기원서접수	실기시험	최종합격자 발표일
정기 제69회	3. 2 ~ 3. 5	4. 3 ~ 4. 23	5. 7
정기 제70회	7. 19 ~ 7. 22	8. 21 ~ 9. 8	10. 1

※ 시험일정은 변동될 수 있으므로 필히 www.q-net.or.kr 의 공고를 확인바람

➤ **출제기준**

실기과목명	주요항목	세부항목	세세항목
자동차정비실무	1. 자동차 일반사항	1. 자동차 정비 안전 및 장비 관련 사항 이해하기	1. 정비 공정 수립 및 안전사항을 적용할 수 있다. 2. 자동차 관련 안전기준을 준수할 수 있다. 3. 정비 관련 시험기와 장비 보수 및 유지 관리할 수 있다.
	2. 자동차 실무에 관한사항	1. 엔진 실무에 관한사항 이해하기	1. 가솔린엔진을 이해할 수 있다. 2. 디젤 및 LPG엔진을 이해할 수 있다. 3. 엔진 전자제어장치를 이해할 수 있다. 4. 흡배기 및 과급장치를 이해할 수 있다. 5. 배출가스 제어장치를 이해할 수 있다.
		2. 섀시 실무에 관한사항 이해하기	1. 동력전달장치를 이해할 수 있다. 2. 현가 및 조향장치를 이해할 수 있다. 3. 제동장치를 이해할 수 있다. 4. 주행 및 종합 진단을 이해할 수 있다.
		3. 전기전자장치 실무에 관한 사항 이해하기	1. 전기전자에 관한 사항을 이해할 수 있다. 2. 각종 편의 및 보안장치를 이해할 수 있다. 3. 등화회로 및 계기장치를 이해할 수 있다.
		4. 차체수리 및 보수도장 실무에 관한 사항 이해하기	1. 차체수리에 대하여 이해할 수 있다. 2. 보수도장에 대하여 이해할 수 있다. 3. 도료에 대하여 이해할 수 있다.
	3. 엔진정비작업	1. 엔진 정비·검사하기	1. 가솔린엔진을 정비할 수 있다. 2. 디젤엔진을 정비할 수 있다. 3. LPG엔진을 정비할 수 있다.
		2. 연료장치 정비·검사하기	1. 가솔린 연료장치를 정비할 수 있다. 2. 디젤 연료장치를 정비할 수 있다. 3. LPG 연료장치를 정비할 수 있다.
		3. 배출가스장치 및 전자제어 장치 정비·검사하기	1. 가솔린 배출가스장치를 정비할 수 있다. 2. 디젤 배출가스장치를 정비할 수 있다. 3. LPG 배출가스장치를 정비할 수 있다. 4. 가솔린 전자제어장치를 정비할 수 있다. 5. 디젤 전자제어장치를 정비할 수 있다. 6. LPG 전자제어장치를 정비할 수 있다.
		4. 엔진 부수장치 정비하기	1. 윤활장치를 정비할 수 있다. 2. 냉각장치를 정비할 수 있다. 3. 과급장치를 정비할 수 있다. 4. 기타 장치를 정비할 수 있다.
	4. 섀시정비작업	1. 동력전달 장치정비·검사하기	1. 클러치 및 수동변속기를 정비할 수 있다. 2. 자동변속기/무단변속기를 정비할 수 있다. 3. 드라이브라인를 정비할 수 있다. 4. 동력배분장치를 정비할 수 있다.
		2. 조향 및 현가장치 정비·검사하기	1. 조향장치를 정비할 수 있다. 2. 현가장치를 정비할 수 있다.
		3. 제동 및 주행 장치 정비하기	1. 제동장치를 정비할 수 있다. 2. 주행장치 및 타이어를 정비할 수 있다. 3. 제동 및 주행장치에 대한 종합정비를 할 수 있다.
	5. 전기전자장치 정비작업	1. 엔진 관련 전기전자장치 정비·검사하기	1. 시동장치를 정비할 수 있다. 2. 점화장치를 정비할 수 있다. 3. 충전장치를 정비할 수 있다.
		2. 차체 관련 전기장치 정비·검사하기	1. 등화회로 및 계기장치를 정비할 수 있다. 2. 공기조화장치를 정비할 수 있다. 3. 각종 편의 및 보안장치를 정비할 수 있다. 4. 통신라인을 정비할 수 있다.

CONTENTS 차례

섀시_ 93
섀시 작업형에 대한 이해

section

CONTENTS 차례

CONTENTS 차 례

GDS 사용하기_ 291

section 04

section 부록_ 313

tion 01
엔진

엔진 탈부착은 다음과 같이 10개의 안별 조합으로 이루어져 있다.

1	타이밍벨트(체인) + CVVT(VVT)
2	디젤 타이밍벨트의 아이들러 베어링 +고압연료펌프
3	흡기 캠샤프트 + 오토래쉬_HLA
4	배기 캠샤프트 + 오토래쉬_HLA
5	MLA + 배기 캠샤프트
6	배기 캠샤프트 + 인젝터
7	타이밍벨트의 텐셔너 + 배기가스 재순환 장치_EGR
8	크랭크 샤프트 리테이너 + 고압연료펌프
9	타이밍벨트(체인) + 스로틀바디
10	흡기 캠샤프트 + 오일펌프

* ( )는 시험장소의 기자재에 따라 바뀔 수 있다.

기록표작성은 탈부착 작업형과 연계된 측정, 점검 및 측정 항목과 시동 및 부조로 크랭킹은 가능하나 시동이 되지 않고 시동이 된 후에도 부조가 발생하는 고장원인의 작성 및 파형 등으로 구성되어져 있다.

1	흡기매니폴드 진공도 측정
2	연료펌프 작동전류 및 연료공급 압력 측정
3	캠 양정 및 오일 컨트롤밸브 저항 측정
4	공기흐름센서 출력 전압 및 산소센서 출력 전압 측정
5	엔진오일 압력 측정 및 엔진오일 압력스위치 전압 측정
6	연료탱크 압력센서 출력 측정 및 연료펌프 구동 전류 측정
7	MLA 밸브 간극 측정 및 OCV 유량조절밸브 저항 측정
8	배기가스 측정
9	연료압력 조절밸브 듀티, 연료온도센서 출력 전압, 액셀페달센서 출력 전압 측정
10	공기유량센서 출력 전압 및 TPS 출력 전압 측정
11	고장수리(크랭킹은 가능하나 시동이 되지 않고 시동 후 부조 발생되는 고장원인)
12	점화파형
13	디젤 인젝터 전압 및 전류파형
14	가솔린 인젝터 전압 및 전류파형
15	가변밸브 타이밍 기구 파형(OCV)

측정 항목에서 저항 측정 시 감지부나 리드선의 탐침부에 손이 닿으면 저항값의 변화로 실제값과 차이가 발생하여 양, 부가 바뀔 수 있으므로 주의한다.

시동작업은 지정하는 부품을 탈거하고 다시 부착한 후 엔진 및 시동과 관련된 회로를 점검하여 정상적으로 시동이 되는지를 확인하는 작업으로 시험장에 따라 회로도를 지원하는 경우도 있다.

파형측정은 상기 기록표작성 12번 항목부터 15번 항목이외에도 점검, 점검 및 측정 항목 중에서 단순히 멀티미터로 측정하기 어려운 항목에서 파형으로 측정하여 프린트하여 분석하고 기록표를 같이 작성하는 부분이 있으며 파형에 대한 항목은 다음과 같다.

1	점화파형
2	디젤 인젝터 전압 및 전류파형
3	가솔린 인젝터 전압 및 전류파형
4	가변밸브 타이밍 기구 파형(OCV)
5	산소센서 출력파형
6	연료압력 조절밸브 듀티 파형
7	액셀페달센서(APS1 또는 APS2) 파형
8	연료온도 센서 파형 및 연료압력 조절밸브 파형
9	공기흐름센서 파형(급가속 시)
10	TPS 출력 전압 파형

01 탈부착

엔진 탈부착은 10개의 조합으로 이루어져 있으며, 시험장에 따라 사용되는 기자재가 다를 수 있으며, 조합에 따라 안이 바뀔 수 있다.

1-1 타이밍 체인 및 CVVT

시험장의 여건에 따라 실차 또는 시뮬레이터 엔진에서 작업을 한다.

(1) 타이밍 체인

① 드라이브 벨트를 탈거하고 아이들러 풀리와 냉각수 펌프 풀리, 텐셔너, 크랭크샤프트 풀리 등을 탈거한다.

② 점화코일과 실린더 헤드 커버를 탈거한다.

③ 에어컨 컴프레셔와 브래킷을 탈거하고 엔진을 돌려 오일팬을 탈거한다.

④ 타이밍커버를 탈거하고 타이밍 체인 텐셔너의 라쳇홀에 드라이버를 이용하여 라쳇을
해제시킨 상태에서 피스톤을 뒤로 밀어 고정용 핀으로 고정한다.

⑤ 타이밍 체인 텐셔너와, 타이밍 가이드를 탈거하고 타이밍 체인을 탈거한다.

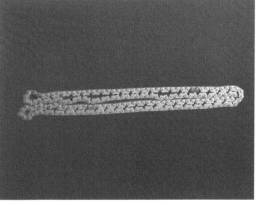

(2) CVVT(VVT)

밸브의 타이밍을 가변적으로 연속하여 제어하는 CVVT와 CVVT와 볼트로 체결되어 연결되어 있는 캠 샤프트의 탈부착은 감독위원이 흡기 또는 배기를 지정할 수 있으며 따라서 어느 쪽이 흡기인지 배기인지를 구분할 수 있어야 한다.

시험장의 여건에 따라 다르나 CVVT를 탈부착 하기위해서는 체인을 탈거해야 하므로 대부분의 시험장에서는 체인을 미리 탈거한 상태로 준비가 되어있는 헤드어셈블리로 시험을 본다.

① 감독위원이 요구하는 방향의 CVVT를 탈거하기 위해서 #1번 실린더와 #2번 실린더 사이의 캠샤프트의 슬롯을 스패너로 고정한 후 CVVT 고정볼트를 탈거하고 CVVT를 탈거하여 타이밍 체인과 함께 감독위원에게 확인받은 후 분해 역순으로 규정 토크로 조립한다.

1-2 디젤 타이밍벨트의 아이들러 베어링, 고압 연료펌프

(1) 디젤 타이밍벨트의 아이들러 베어링

① 드라이브구동벨트 (A)를 탈거하고 크랭크축 풀리 (B)를 탈거한다.

② 타이밍 벨트 상부 커버 (A)와 엔진 서포트 브라켓 (B)을 탈거한다.

③ 오토텐셔너의 고정볼트 (A)를 풀고 텐셔너 고정용 5mm 육각 볼트로 고정한 후 아이들러 베어링(B)를 탈거한다.

(2) **고압펌프**

① 연료 압력 조절밸브 커넥터 (A)를 분리하고 커먼레일과 고압 연료 펌프간의 고압연료 파이프(B)를 탈거한 후 파손에 주의하며 연료 공급 튜브 커넥터와 연료 리턴 튜브 커넥터(C)를 분리한다.

② 고압펌프 고정볼트를 분리하고 고압펌프를 탈거하여 감독위원에게 기존에 탈거한 타이밍벨트, 아이들베어링, 고압펌프를 확인받은 후 분해 역순으로 고정용 볼트를 규정 토크로 조립한다.

1-3 흡기(배기) 캠 샤프트, 오토래시(HLA)

대부분의 시험장에서 엔진 몸체만 준비되어있는 시뮬레이터로 시험을 보며 실린더 헤드 커버가 부착된 상태 또는 탈거된 상태로 준비되어 있는 곳도 있다. 오토래시를 탈거하기 위해서는 흡기 및 배기 캠 샤프트를 모두 탈거하고 캠 캐리어를 탈거하여야 캠 팔로워와 일체로 조립되어 있는 HLA를 탈거할 수 있다.

⑴ 흡기(배기) 캠 샤프트

① 준비된 엔진에서 진공펌프 A를 탈거하고 흡기 캠샤프트 베어링 캡 B를 탈거하고 흡기 (배기) 캠샤프트를 탈거한다.

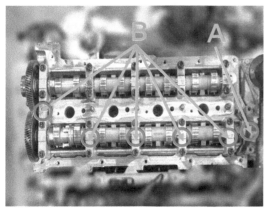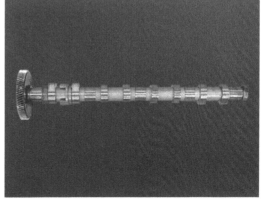

(2) **오토래시**

① 흡기 및 배기 캠 샤프트를 탈고하고 캠 캐리어 A를 탈거한 다음 캠 팔로워 B를 탈거한
다.

② 캠 팔로워 어셈블리를 탈거하여 캠 팔로워에서 HLA를 탈거하여 감독위원이 제시한 캠
샤프트와 함께 확인을 받은 후 분해역순으로 규정 토크로 조립한다.

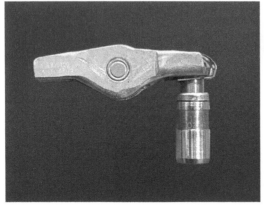
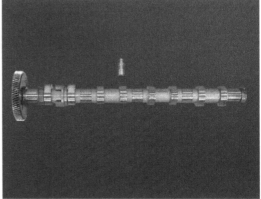

1-4 배기 캠 샤프트, MLA 탈부착

배기 캠 샤프트와 MLA의 탈부착으로 감독위원이 제시한 실린더의 MLA를 탈거하며, 타이 밍 체인(벨트), 헤드 커버 등의 부가적인 작업은 생략한다.

⑴ 배기 캠 샤프트

① 배기 캠 샤프트의 CVVT 고정볼트를 탈거하여 CVVT (A)를 탈거하고 프런트 캠 샤프트 베어링캡 (B)를 탈거한다.

② 배기 캠 샤프트 상부 베어링 (A)를 탈거하고 정비지침서의 준수사항을 확인하여 캠 샤 프트 베어링 캡 (B)를 순서에 따라 탈거한 후 배기 캠 샤프트를 탈거한다.

(2) MLA

① 배기 캠샤프트를 탈거한 상태에서 감독위원이 제시하는 실린더의 MLA (A)를 탈거한
다.

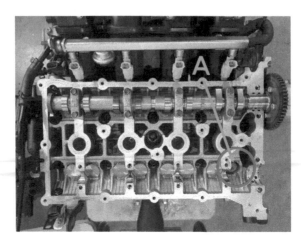

② 탈거한 배기 캠 샤프트와 MLA를 감독위원에게 확인받은 후 분해역순으로 규정 토크로
조립한다.

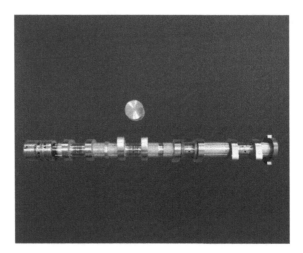

1-5 인젝터, 배기 캠 샤프트

인젝터와 배기 캠 샤프트의 탈부착으로 감독위원이 제시한 실린더의 인젝터를 탈거하며, 탈거 전 헝겊을 준비하여 연료누유에 의한 연료의 흐름을 방지하는 노력이 필요하다. 인젝터 탈거시 오링은 소모성 부품으로 교환해야함을 감독위원에게 설명한다.

타이밍 체인(벨트), 헤드 커버 등의 부가적인 작업은 생략한다.

(1) 인젝터

① 인젝터의 고정 볼트 (A)를 탈거하고 인젝터 어셈블리를 탈거한다.

② 인젝터의 고정클립 (A)을 탈거하고 감독위원이 지정하는 실린더의 인젝터 (B)를 탈거한다.

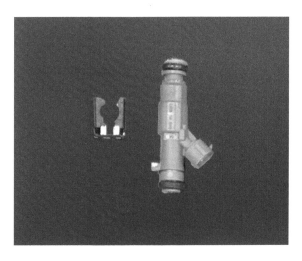

(2) 배기 캠 샤프트

① 배기 캠 샤프트의 CVVT 고정볼트를 탈거하여 CVVT (A)를 탈거하고 프런트 캠 샤프트 베어링 캡 (B)를 탈거한다.

② 배기 캠 샤프트 베어링 캡을 탈거하고 배기 캠 샤프트를 탈거하여 앞서 탈거한 인젝터 와 함께 감독위원에게 확인받고 분해역순으로 규정 토크로 조립한다.

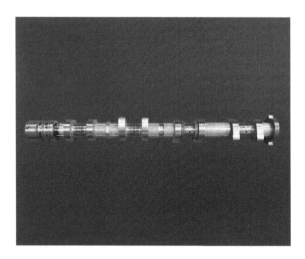

1-6 타이밍 벨트(체인)의 텐셔너, 배기가스 재순환장치(EGR)

타이밍 벨트의 텐셔너 탈부착은 타이밍 벨트의 탈부착을 동반하는 경우가 많다. 따라서 타이밍 벨트의 탈부착 연습을 할 때 각각의 부품에 대한 탈부착을 정비지침서를 활용하여 미리 연습하여야 한다.

(1) 타이밍 벨트(체인) 텐셔너

① 드라이브구동벨트를 탈거하고 아이들러 베어링과 벨트 텐셔너, 풀리 등을 탈거한다.

② 실린더 헤드 커버를 탈거한다.

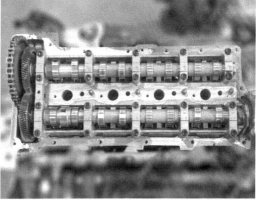

③ 프론트 커버를 탈거하고 타이밍 체인 텐셔너를 재사용을 위하여 수축 고정한 다음 고정 볼트를 풀어 텐셔너를 탈거한 후 감독위원에게 확인받은 후 분해역순으로 규정 토크로 조립한다.

(2) 배기가스 재순환 장치

① EGR 밸브의 커넥터를 탈거하고 EGR밸브를 탈거하여 감독위원에게 확인받은 후 분해 역순으로 규정 토크로 조립한다.

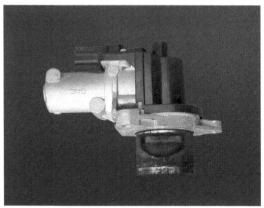

1-7 크랭크 샤프트 리테이너 및 고압연료펌프 탈부착

대부분 시뮬레이터 엔진으로 진행하며 시간배분 등에 따라 분해범위가 달라질 수 있다.

⑴ 크랭크 샤프트 리테이너

① 크랭크포지션 센서 (A)를 탈거하고 크랭크축 리어 리테이너 케이스 어셈블리 고정 볼트 8개소 (A)를 탈거한다.

② 크랭크축 리테이너 어셈블리를 탈거하여 감독위원에게 확인받고 분해역순으로 규정 토크로 조립한다.

(2) 고압연료펌프 탈부착

① 연료 압력 조절밸브 커넥터 (A)를 분리하고 커먼레일과 고압 연료 펌프간의 고압연료 파이프 (B)를 탈거한 후 파손에 주의하며 연료 공급 튜브 커넥터와 연료 리턴 튜브 커넥터(C)를 분리한다.

② 고압펌프 고정볼트를 분리하고 고압펌프를 탈거하여 감독위원에게 확인받은 후 분해역 순으로 조립방법을 준수하며 조립한다.

1-8 타이밍 벨트(체인), 스로틀바디

(1) 타이밍 체인 탈거 순서

① 드라이브 벨트를 탈거하고 아이들러 풀리와 냉각수 펌프 풀리, 텐셔너, 크랭크샤프트 풀리 등을 탈거한다.

② 점화코일과 실린더 헤드 커버 (A)를 탈거한다.

③ 에어컨 컴프레셔와 브래킷을 탈거하고 오일 누유를 조심하며 엔진을 돌려 오일팬을 탈거한다.

④ 타이밍커버를 탈거하고 타이밍 체인 텐셔너의 라쳇홀에 드라이버를 이용하여 라쳇을 해제시킨 상태에서 피스톤을 뒤로 밀어 고정용 핀으로 고정한다.

⑤ 타이밍 체인 텐셔너와, 타이밍 가이드를 탈거하고 타이밍 체인을 탈거한다.

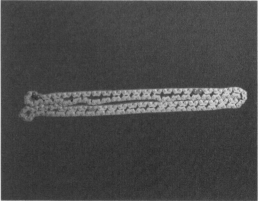

(2) 스로틀바디

스로틀바디의 경우 실차에서 탈부착을 하는 경우가 많다.

① 에어 크리너와 덕트를 분리하고 스로틀바디에 부착되는 각종 호스류를 탈거한다.

② 스로틀바디 브라켓과 액셀 케이블을 탈거하고 스로틀바디 고정볼트를 풀어 스로틀바디
를 탈거하여 감독위원에게 확인받은 후 분해역순으로 규정 토크로 조립한다.

1-9 흡기 캠 샤프트, 오일펌프

드라이브 벨트 및 프런트커버, 오일팬 등의 탈부착은 생략한다.

⑴ 흡기 캠 샤프트

① 흡기 캠 샤프트의 CVVT 고정볼트를 탈거하여 CVVT를 탈거한다.

② 베어링 캡을 탈거하고 흡기 캠 샤프트를 탈거한다.

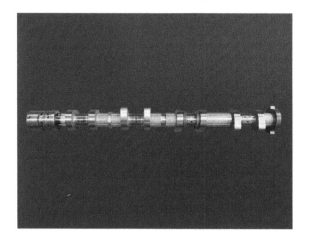

⑵ **오일펌프**

① 타이밍 체인 오일젯(A)을 탈거하고 밸런스 샤프트 체인가이드(B)와 체인(C)을 탈거
한다.

② 오일펌프를 탈거하고 앞서 탈거한 흡기 캠 샤프트와 함께 감독위원에게 확인받은 후 분
해의 역순으로 규정 토크로 조립한다.

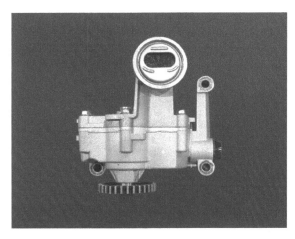

02 측정

측정은 엔진 탈부착에서 기인하는 각각의 부품에 대한 측정으로 이루어져, 있으며 단일 항목과 복합 항목으로 7개의 대 항목과 13가지의 소 항목으로 구성되어 있다. 본 책에서는 답안지 작성에 맞추어 7개의 대 항목으로 구분하여 기술한다.

2-1 흡기 매니폴드 진공도 측정

흡기 매니폴드의 부압을 측정하여 흡입되는 공기량을 간접적으로 산출하는 MAP센서는 공기량 및 엔진 부하의 판정과 연료분사량 및 점화시기 제어에 사용되는 센서이며, 이를 진공게이지를 이용하여 흡기 매니폴드의 진공도를 측정하여 게이지 지침의 움직임에 대한 상태와 값으로 흡기 계통, 배기 계통, 타이밍, 압축압력, 실린더 헤드 등의 상태를 판단할 수 있으며, 시험장의 기자재 여건에 따라 진공게이지를 사용하거나 시뮬레이터에 부착된 진공게이지를 알려을 때따라 기록한다.

진공게이지를 부착하여 측정하는 경우와 시뮬레이터에 부착된 진공게이지 간에 측정 오차가 발생하므로 주의하여야 한다.

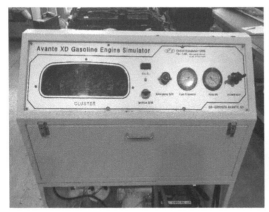

진공값은 차종에 따라, 엔진의 배기량 등에 따라 차이가 날 수 있고 흡기 누설 시 누설 양에 따라 측정값이 달라질 수 있고 규정값 내에 있을 수 있으므로 주위가 필요하다.

Avante XD Gasoline Engine Simulator

(1) 측정방법

① 엔진을 시동하여 워밍업을 한다.

② 엔진을 정지하고 흡기 매니폴드의 진공포트의 캡을 탈거하여 진공게이지 호스 및 진공 게이지를 설치한다.

③ 엔진을 시동하고 공회전 상태의 진공게이지 지침과 상태를 판독하여 답안지에 기록한다.

(2) 답안지 작성방법

① 규정값은 정비지침서 또는 감독위원이 제시한 값으로 기재한다.

② 게이지 지침을 보고 기록하는 경우 규정값의 단위와 동일하게 작성한다.

③ 흡기 매니폴드에서 발생하는 부압은 미세하게 일정한 떨림이 발생하며, 점화장치 불량이면 정상값 보다 약 50~80mmHg 낮으며 특징으로는 지침의 흔들림이 거의 없게 된다.

④ 연료장치 불량이면 정상값 보다 약간 높거나 낮으며 지침의 흔들림이 불규칙하다.

⑤ 압축압력 불량이면 지침이 정상값을 기점으로 크게 흔들리며, 흡기 및 배기계통 막힘은 불규칙적으로 정상값과 0사이를 반복한다.

⑥ 규정값과 측정값을 판독하여 판정란에 ☑체크를 하고 정비 및 조치할 사항은 차량 또는 시뮬레이터의 상태를 확인하여 진공호스 탈거, ISC 커넥터 탈거, 흡, 배기 막힘, 인젝터 커넥터 탈거, 점화코일 상태 등을 확인하고 그에 맞는 답안을 작성한다.

판정	측정값	차량점검상태결과	정비 및 조치할 사항 작성 예
☑양호	규정값 이내	이상없음	정비 및 조치 사항 없음
☑불량	규정값 미만	이상없음	흡기 매니폴드 불량, 가스킷 교환 후 재점검
		ISC커넥터 탈거	ISC커넥터 체결, 기억소거 후 재점검
		진공호스 탈거	진공호스 체결 후 재점검
		2번 인젝터 커넥터 탈거	2번 인젝터 커넥터 체결 후 재점검

(3) 답안지

☙ 엔진_측정_흡기 매니폴드 진공도 측정_공란

항 목	① 측정(또는 점검)		② 판정 및 정비(또는 조치)사항	
	측 정 값	규정 값 (정비한계 값)	판정 (□에 "√"표)	정비 및 조치할 사항
흡기 매니폴드 진공도			□양 호 □불 량	

(4) 답안지 작성방법

※ 엔진_측정_흡기 매니폴드 진공도 측정_양호 시 작성 예

항 목	① 측정(또는 점검)		② 판정 및 정비(또는 조치)사항	
	측 정 값	규정 값 (정비한계 값)	판정 (□에 "√"표)	정비 및 조치할 사항
흡기 매니폴드 진공도	450mmHg	400~500mmHg	☑양 호 □불 량	정비 및 조치사항 없음

※ 엔진_측정_흡기 매니폴드 진공도 측정_불량 시 작성 예

항 목	① 측정(또는 점검)		② 판정 및 정비(또는 조치)사항	
	측 정 값	규정 값 (정비한계 값)	판정 (□에 "√"표)	정비 및 조치할 사항
흡기 매니폴드 진공도	310mmHg	400~500mmHg	□양 호 ☑불 량	ISC 커넥터 체결, 기억소거 후 재점검

2-2 연료펌프 작동전류 및 공급압력 측정

연료펌프 작동전류 측정은 차량이 시동 불량, 시동 꺼짐, 공회전 부조, 가속 불량, 출력 부족
등의 원인을 찾고자 할 때 측정하며, 연료펌프의 공급압력 측정은 주로 시동성이 불량한 차
량에서 연료펌프의 불량, 연료압력의 낮음, 연료라인의 막힘 등을 점검할 때 측정하게 된다.
시험장의 여건에 따라 Key ON시에 측정하거나 공회전 상태에서 측정하기도 하므로 감독위
원의 지시에 유의하여야 한다.

전류는 대부분 후크식을 사용하며 사용 전 영점조정을 하고 전류의 흐름방향에 주의하여야
하는데 전류계의 디스플레이 창을 보지 못하는 경우에는 역방향으로 물리고 (−)를 빼고 기록하
면 된다.

(1) 연료펌프 작동전류 측정방법

① 후크식 전류계를 영점 조정하여 0A로 되는지 확인한다.

② 엔진의 시동을 걸고 연료라인의 누유 여부 및 공회전 상태를 점검한다.

③ 감독위원의 지시에 따라 Key ON으로 측정할 때는 상기 2번 사항을 생략한다.

④ 후크식 전류계의 화살표가 연료펌프 쪽으로 하여 연료펌프 본선에 설치한다.

⑤ 측정된 전류값을 판독하여 답안지에 기록한다.

(2) 연료펌프 공급압력 측정방법

① 감독위원의 지시에 따라 Key ON 또는 엔진 공회전에서 측정한다.

② 별도의 연료압력게이지가 없는 경우 시뮬레이터에 부착된 연료압력게이지를 판독하여 기록한다.

③ **연료압력게이지를 설치하여야 하는 경우**

- Key OFF상태에서 연료펌프 커넥터를 탈거하고 시동을 걸어 시동이 꺼질 때까지 기다린다.
- 연료호스를 분리하고 연료압력게이지를 설치하고 감독위원의 지시에 따라 Key ON 또는 시동을 걸어 누유 여부를 확인한다.
- 딜리버리 파이프와 호스사이를 연결할 때 규정 토크값으로 볼트를 체결한다.
- 아래의 사진은 시뮬레이터에 부착된 연료압력게이지로 시험장에 따라 연료압력게이지를 설치하지 않고 시뮬레이터의 지침을 판독하여 답안지에 기록하기도 한다.

(3) 답안지 작성방법

① 규정값은 정비지침서 또는 감독위원이 제시한 값을 기재한다.

② 규정값과 측정값을 판독하여 판정란에 ☑체크를 하고 정비 및 조치할 사항을 작성한다.

판정	측정값	정비 및 조치할 사항 작성 예
☑양호	규정값 이내	정비 및 조치 사항 없음
☑불량	규정값 미만	연료필터 막힘, 교환 후 재점검
		연료펌프 불량, 교환 후 재점검
		연료압력조절기 불량, 교환 후 재점검
	규정값 이상	연료압력조절기 호스 탈거됨, 호스 체결 후 재점검
		연료압력조절기 불량, 교환 후 재점검

(4) 답안지

◉ 엔진_측정_연료 펌프 측정_공란

항 목		측 정 값	규정 값 (정비한계 값)	② 판정 및 정비(또는 조치)사항	
				판정 (□에 "√"표)	정비 및 조치할 사항
연료펌프	작동전류			□양 호 □불 량	
	공급압력			□양 호 □불 량	

(5) 답안지 작성

◉ 엔진_측정_연료 펌프 측정_불량한 경우의 작성 예

항 목		① 측정(또는 점검)		② 판정 및 정비(또는 조치)사항	
		측 정 값	규정 값 (정비한계 값)	판정 (□에 "√"표)	정비 및 조치할 사항
연료펌프	작동전류	4.6A	4.0~5.0A	☑양 호 □불 량	연료압력조절기 교환 후 재점검
	공급압력	2.5kgf/cm²	3.2~3.8kgf/cm²	□양 호 ☑불 량	

2-3 캠 양정 측정 및 오일컨트롤밸브 저항 측정

캠 양정은 흡기 및 배기 밸브의 열림과 닫힘 양에 영향을 주어 실린더로 유입되는 공기량과 폭발 행정이후에 배기과정을 통하여 연소된 배기가스의 배출에 따라 엔진의 성능에 영향을 주게 된다.

오일컨트롤밸브는 CVVT 및 VVT 차량 등에서 엔진의 부하량에 따라 연속적으로 가변제어를 하여 흡/배기 캠축의 타이밍을 진각 또는 지각을 시켜 엔진 성능을 향상하고 유해한 배출가스를 감소시키는 역할을 한다.

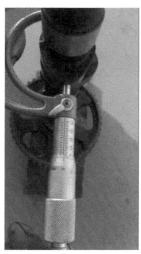

(1) 캠 양정 측정방법

① 마이크로미터를 영점 조정한다.

② 감독위원이 지시한 번호의 캠 양정 측정을 위해 캠 높이와 캠의 기초원을 측정한다.

③ 측정된 캠 높이에서 기초원을 빼내어 양정을 계산하여 답안지에 기록한다.

> 캠 양정 = 캠 높이 - 캠 기초원

(2) 오일컨트롤 밸브 저항 측정방법

① 멀티미터를 저항 측정위치에 놓고 영점조정을 하여 확인한다.

② 멀티미터의 프로브를 오일컨트롤 밸브의 두 단자에 대고 저항을 측정하여 답안지에 기록한다.

> **주의** 저항 측정 시 감지부나 리드선의 탐침부에 손이 닿으면 저항값의 변화로 실제값과 차이가 발생하여 양, 부가 바뀔 수 있으므로 주의한다.

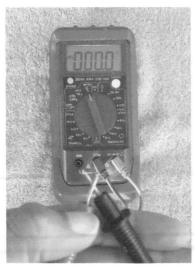 

(3) 답안지 작성방법

① 규정값은 정비지침서 또는 감독위원이 제시한 값을 기재하며, 캠축의 양정에 대한 규정 값은 없으므로 기재하지 않는다.

② 위치란에 감독위원이 제시한 캠축에 ☑체크를 하고 측정값을 기록한 후 판정란에 해당 사항에 ☑체크를 하고 정비 및 조치사항을 작성한다.

위치	측정값	판정	정비 및 조치할 사항 작성 예
캠 ☑흡기 □배기	규정값 이내	☑양호	정비 및 조치 사항 없음
	규정값 미만	☑불량	캠축 교환 후 재점검

③ 오일컨트롤 밸브 저항 규정값과 측정값을 기록하고 판정란에 해당 사항에 ☑체크를 하고 정비 및 조치사항을 작성한다.

판정	측정값	정비 및 조치할 사항 작성 예
☑양호	규정값 이내	정비 및 조치 사항 없음
☑불량	∞	OCV 밸브 단선, 교환 후 재점검
	0Ω	OCV 밸브 쇼트, 교환 후 재점검

(4) 답안지

◈ 엔진_측정_캠 높이, 양정 및 오일 컨트롤 밸브 저항 측정_공란

위치		① 측정(또는 점검)		② 판정 및 정비(또는 조치)사항	
		측 정 값	규정 값 (정비한계 값)	판정 (□에 "√"표)	정비 및 조치할 사항
캠 □흡기 □배기	높이			□양 호 □불 량	
	양정				
오일컨트롤밸브 저항				□양 호 □불 량	

(5) 답안지 작성

◈ 엔진_측정_캠 높이, 양정 및 오일 컨트롤 밸브 저항 측정_불량 시 작성 예

위치		① 측정(또는 점검)		② 판정 및 정비(또는 조치)사항	
		측 정 값	규정 값 (정비한계 값)	판정 (□에 "√"표)	정비 및 조치할 사항
캠 ☑흡기 □배기	높이	40.5mm	41.05~42.05mm	□양 호 ☑불 량	흡기 캠축 교환 후 재점검
	양정	7.14mm			
오일컨트롤밸브 저항		8.5Ω	9.5~10.5Ω	□양 호 ☑불 량	오일컨트롤밸브 교환 후 재점검

2-4 공기흐름센서 출력 및 산소센서 출력 전압 측정

공기흐름센서는 공기의 양을 직접 계측하는 방식과 공기 흐름 속도를 계측하는 방식, 공기의 양을 간접적으로 계측하는 방식 등으로 구분된다.

ECU는 공기흐름센서의 출력값을 받아 공기량 및 엔진 부하를 판정하고, 연료분사량 및 점화 시기를 제어한다.

산소센서는 배기가스중의 산소농도를 검출하여 공연비를 제어하는 센서로서 ECU에 있어서 입력요소이며, 출력요소이기도 하다.

산소센서 측정은 멀티미터로 측정하기가 곤란하므로 주로 파형측정을 통하여 분석을 요구한다.

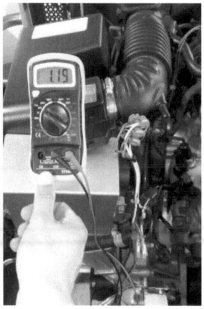

(1) 공기흐름센서 출력 전압 측정방법

① 엔진을 시동하여 워밍업을 한다.

② 멀티미터를 DC 전압으로 설정하고 +프로브를 센서의 출력에 (−)프로브를 센서 접지에 연결한 후 공회전에서 측정한다.

③ 감독위원이 파형으로 출력을 요구하는 경우 오실로스코프를 사용하여 출력하고 분석 포인트를 기재하여 제출한다.

④ 파형으로 출력하는 경우 멀티미터와 계측값 판별방법이 달라진다. 공회전에서 파형으로 분석을 요구하는 경우 급가속을 하지 않고 커서 A와 B 사이의 평균값을 판독하여 기록한다.

오실로스코프를 사용한 측정방법

- 측정장비 : GDS
- 채널설정 : A 채널. (+)프로브 : AFS 제어선 (−)프로브 : 배터리 (−)단자 또는 AFS 접지선
- 환경설정 : UNI, DC, 일반, 수동, 전압 : 8V, 시간축 : 100ms

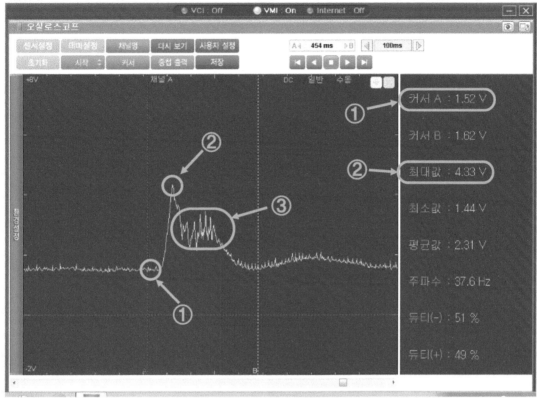

| 오실로스코프 |

센서설정 테마설정 채널명 다시 보기 사용자 설정   A◀ 454 ms ▶B ◀ 100ms ▷
초기화 시작 ◇ 커서 중첩 출력 저장   ◀◀ ◀ ■ ▶ ▶▶

+8V   채널 A   DC 일반 수동

②

③

①

-2V   B'

① 커서 A : 1.52 V
커서 B : 1.62 V
② 최대값 : 4.33 V
최소값 : 1.44 V
평균값 : 2.31 V
주파수 : 37.6 Hz
듀티(-) : 51 %
듀티(+) : 49 %

담당
엔지
니어
소견

[담당 엔지니어 :]
[소견]

　공기로름센서 파형분석

① 공회전 출력전압 : 1.52V

② 급가속 최대 출력전압 : 4.33V

③ 급가속 구간 : 급격한 골이 형성되는 부분

판정, 상기 파형은 양호함.

(2) 산소센서 출력 전압 측정방법

① 감독위원의 지시에 따라 멀티미터 또는 오실로스코프를 사용하여 측정한다.

② 멀티미터를 사용할 경우 DC 전압으로 설정하고 S1과 S2의 센서에 각각 +프로브를 센서의 출력선에 (-)프로브를 센서 접지에 연결한 후 공회전에서 측정한다.

③ 감독위원이 파형으로 출력을 요구하는 경우 오실로스코프를 사용하여 출력하고 분석 포인트를 기재하여 제출한다.

오실로스코프를 사용한 측정방법

- 측정장비 : GDS
- 채널설정 : A 채널. (+)프로브 : S1 산소 제어선 (-)프로브 : S1 산소센서 접지선
  B 채널. (+)프로브 : S2 산소 제어선 (-)프로브 : S2 산소센서 접지선
- 환경설정 : UNI. DC. 일반. 수동. 전압 : 800mV. 시간축 : 500ms (엔진에 따라 상이함.)
  산소센서 타입이 티타니아일 경우 전압을 8V로 설정한다.

 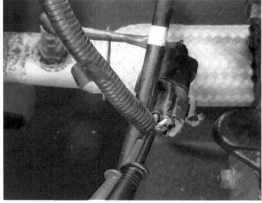

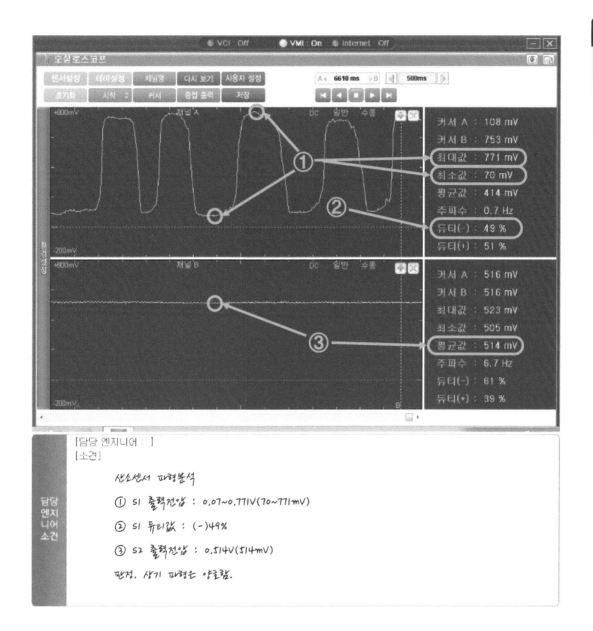

상기 파형에서 S2의 출력값을 평균값으로 기재하였으며, 커서 A와 B값으로 기재할 경우
최소값과 최대값인 0.505~0.523V로 기재하면 된다.

(3) **답안지 작성방법**

① 규정값은 정비지침서 또는 감독위원이 제시한 값을 기재한다.

② 규정값과 측정값을 판독하여 판정란에 ☑체크를 하고 정비 및 조치할 사항을 작성한다.

판정	센서	측정값	정비 및 조치할 사항 작성 예
☑양호	공기흐름 센서	규정값 이내	정비 및 조치 사항 없음
		규정값 미만	공기흐름센서 교환 후 재점검
☑불량	산소 센서 (지르코니아)	0.5V정도에서 직선으로 측정	산소센서 불량, 교환 후 재점검
		0.5V이하에서 측정	공연비 희박, 2번인젝터 커넥터 체결 후 재점검 (2번 인젝터 탈거 시)
		0.5V이상에서 측정	공연비 농후, 공기흐름센서 교환 후 재점검
	산소 센서 (티타니아)	2.5V정도에서 직선으로 측정	산소센서 불량, 교환 후 재점검
		2.5V이하에서 측정	공연비 희박, 3번인젝터 커넥터 체결 후 재점검 (3번 인젝터 탈거 시)
		2.5V이상에서 측정	공연비 농후, 에어크리너 막힘 교환 후 재점검
	산소센서	S2가 S1의 정상 파형과 동일하게 측정	촉매 불량, 교환 후 재점검

(4) 답안지

☞ 엔진_측정_공기흐름센서 출력전압 및 산소센서 출력 전압 측정_공란

위치		① 측정(또는 점검)		② 판정 및 정비(또는 조치)사항	
		측 정 값	규정 값 (정비한계 값)	판정 (□에 "√"표)	정비 및 조치할 사항
공기흐름센서 출력 전압				□양 호 □불 량	
산소센서 출력전압 (공회전 시)	S1 (전)			□양 호 □불 량	
	S2 (후)				

(5) 답안지 작성

☞ 엔진_측정_공기흐름센서 출력전압 및 산소센서 출력 전압 측정_양호 시 작성 예

위치		① 측정(또는 점검)		② 판정 및 정비(또는 조치)사항	
		측 정 값	규정 값 (정비한계 값)	판정 (□에 "√"표)	정비 및 조치할 사항
공기흐름센서 출력 전압		1.52V	0.9~1.8V	☑양 호 □불 량	정비 및 조치사항 없음
산소센서 출력전압 (공회전 시)	S1 (전)	0.07~0.771V	0~0.9V	☑양 호 □불 량	정비 및 조치사항 없음
	S2 (후)	0.514V	0.4~0.6V		

2-5 엔진오일 압력 및 오일압력 스위치 전압 측정

엔진오일의 점검을 위하여 엔진오일 레벨게이지를 빼내어 엔진오일의 양과 상태를 육안으로 확인이 가능한 부분도 있으나 압력게이지를 통하여 엔진의 압력을 점검하고, 오일압력 스위치의 점검을 통하여 시동 전과 시동 후의 상태를 점검함으로 엔진의 상태를 판단한다.

(1) 측정방법

① 시뮬레이터의 엔진오일 압력게이지의 위치 및 0kgf/㎠ 인지 확인한다.

② 엔진오일 압력스위치에 멀티미터를 DC 전압으로 조정하여 연결한다.

③ IG ON을 하여 계기판의 엔진오일 경고등 점등 여부를 확인하고, 엔진오일 압력스위치의 전압을 측정하여 답안지에 기록한다.

④ 엔진을 시동하고 멀티미터로 엔진오일 압력스위치의 전압을 측정하여 답안지에 기록한다.

⑤ 시뮬레이터의 엔진오일 압력게이지 압력을 판독하여 답안지에 기록한다.

(2) 답안지 작성방법

① 규정값은 정비지침서 또는 감독위원이 제시한 값으로 기재한다.

② 게이지 지침을 보고 단위를 기록하는 경우 규정값의 단위와 동일하게 작성한다.

③ 규정값과 측정값을 판독하여 판정란에 ☑체크를 하고 정비 및 조치할 사항을 작성한다.

판정	구분	측정값	정비 및 조치할 사항 작성 예
☑양호	오일압력	규정값 이내	정비 및 조치 사항 없음
☑불량		규정값 미만	오일부족, 오일규정량으로 보충 후 재점검
		규정값 이상	오일과다, 오일규정량으로 제거 후 재점검
☑양호	오일압력 스위치	규정값 이내	정비 및 조치 사항 없음
☑불량		규정값 미만	엔진오일을 규정량으로 보충 후 재점검
		규정값 이상	엔진오일을 규정량으로 맞춘 후 재점검
		규정값 미만 또는 이상	오일압력 스위치 교환 후 재점검

(3) 답안지

☞ 엔진_측정_오일압력 및 오일압력 스위치 전압 측정_공란

위치	① 측정(또는 점검)		② 판정 및 정비(또는 조치)사항	
	측 정 값	규정 값 (정비한계 값)	판정 (□에 "√"표)	정비 및 조치할 사항
오일압력			□양 호 □불 량	
오일압력 스위치 전압	시동전		□양 호 □불 량	
	시동후			

(4) 답안지 작성

☞ 엔진_측정_오일압력 및 오일압력 스위치 전압 측정_불량 시 작성 예

위치	① 측정(또는 점검)		② 판정 및 정비(또는 조치)사항	
	측 정 값	규정 값 (정비한계 값)	판정 (□에 "√"표)	정비 및 조치할 사항
오일압력	$4.1kgf/cm^2$	$3.2\sim4.8kgf/cm^2$	☑양 호 □불 량	정비 및 조치사항 없음
오일압력 스위치 전압	시동전 0.32V	0.~1.5V	☑양 호 □불 량	정비 및 조치사항 없음
	시동후 13.85V	10.5~14.5V		

2-6 연료탱크 압력센서 및 연료펌프 구동 전류 측정

연료탱크압력센서는 증발가스 제어시스템에서 누설여부를 판단하는 구성요소중의 하나로 외부온도의 상승과 엔진에서 리턴 되어 들어오는 뜨거운 연료로 인하여 연료탱크내의 증발가스를 발생시키게 된다. 증발가스 제어 시스템은 연료 탱크내의 증발 가스를 연소실로 유입시켜 연소함으로 HC를 줄이는 시스템으로 주로 실차에서 이루어지며, 센서 데이터 값을 이용하기도 한다.

연료펌프 구동전류 측정은 차량이 시동 불량, 시동 꺼짐, 공회전 부조, 가속 불량, 출력 부족 등의 원인을 찾고자 할 때 측정하며, 연료펌프의 공급압력 측정은 주로 시동성이 불량한 차량에서 연료 펌프의 불량, 연료압력의 낮음, 연료라인의 막힘 등을 점검할 때 측정하게 된다.

시험장의 여건에 따라 두 가지 항목에 대한 측정은 Key ON시에 측정하거나 공회전 상태에서 측정하기도 하므로 감독위원의 지시에 유의하여야 한다. 전류 측정 시 대부분 후크식을 사용하며 사용 전 영점조정을 하고 전류의 흐름방향에 주의하여야 하는데 전류계의 디스플레이 창을 보지 못하는 경우에는 역방향으로 물리고 (−)를 빼서 기록하면 된다.

(1) 연료탱크 압력센서 출력전압 측정방법

① 멀티미터의 +프로브를 연료탱크 압력센서의 출력단자, (−)프로브를 연료탱크 압력센서 접지선에 연결한다.

② 감독위원의 지시에 따라 Key ON 또는 시동을 걸어 공회전 상태에서 연료압력 센서 출력전압을 판독하여 답안지에 기록한다.

(2) 연료펌프 작동전류 측정방법

① 후크식 전류계를 영점 조정하여 0A로 되는지 확인한다.

② 엔진의 시동을 걸고 연료라인의 누유 여부 및 공회전 상태를 점검한다.

③ 감독위원의 지시에 따라 Key ON으로 측정할 때는 상기 2번 사항을 생략한다.

④ 후크식 전류계의 화살표가 연료펌프 쪽으로 하여 연료펌프 본선에 설치한다.

⑤ 측정된 전류값을 판독하여 답안지에 기록한다.

(3) 답안지 작성방법

① 규정값은 정비지침서 또는 감독위원이 제시한 값을 기재한다.

② 규정값과 측정값을 판독하여 판정란에 ☑체크를 하고 정비 및 조치할 사항을 작성한다.

☙ **연료압력센서 출력측정**

판정	측정값	정비 및 조치할 사항 작성 예
☑양호	규정값 이내	정비 및 조치 사항 없음
☑불량	규정값 미만 또는 이상	연료압력 센서 교환 후 재점검

☙ **연료펌프 구동 전류측정**

판정	측정값	정비 및 조치할 사항 작성 예
☑양호	규정값 이내	정비 및 조치 사항 없음
☑불량	규정값 미만	연료필터 막힘, 교환 후 재점검
		연료펌프 불량, 교환 후 재점검
		연료압력조절기 불량, 교환 후 재점검
	규정값 이상	연료압력조절기 호스 탈거됨, 호스 체결 후 재점검
		연료압력조절기 불량, 교환 후 재점검
		연료펌프 불량, 교환 후 재점검

(4) 답안지

☞ 엔진_측정_연료 탱크 압력센서 출력 전압 및 연료펌프 구동 전류 측정_공란

항 목	① 측정(또는 점검)		② 판정 및 정비(또는 조치)사항	
	측 정 값	규정 값 (정비한계 값)	판정 (□에 "√"표)	정비 및 조치할 사항
연료탱크 압력센서 출력 전압			□양 호 □불 량	
연료펌프 구동 전류			□양 호 □불 량	

(5) 답안지 작성

☞ 엔진_측정_연료 탱크 압력센서 출력 전압 및 연료펌프 구동 전류 측정_작성 예

항 목	① 측정(또는 점검)		② 판정 및 정비(또는 조치)사항	
	측 정 값	규정 값 (정비한계 값)	판정 (□에 "√"표)	정비 및 조치할 사항
연료탱크 압력센서 출력 전압	2.6V	6.5~7.5V	□양 호 ☑불 량	연료탱크 압력센서 교환 후 재점검
연료펌프 구동 전류	5.5A	4.8~5.8A	☑양 호 □불 량	정비 및 조치사항 없음

2-7 밸브 태핏(MLA) 밸브 간극 측정 및 OCV 유량조절밸브 저항 측정

MLA는 밸브간극을 간극에 따라 MLA를 교환하여 조정하는 방식으로 크게 로커암 조절방
식과 심조정방식으로 나뉘어진다. 최근의 엔진에서 비용의 절감과 연비향상을 위해 사용
이 늘어나고 있는 반면 자동차의 주행환경 등에 따라 일정 기간이 지나면 조정을 하여야
하는 불편함이 있다.

OCV는 오일의 양을 조절하여 흡기 또는 배기 측 캠 샤프트의 스프로킷을 진각 또는 지각
시킴으로써 엔진의 부하량에 따라 타이밍을 조정하는 밸브를 말한다.

세타 I의 경우 흡기 측에만, 세타 II의 경우 흡기 및 배기 캠 샤프트 앞단에 CVVT용 스프
로킷이 설치되어 있다.

(1) MLA 측정방법

① 감독위원이 지정한 실린더 헤드의 지정 위치에서 측정한다.

② #1번 실린더의 압축상사점에서 흡기측의 #1, #2번 밸브와 배기측의 #1, #3번 밸브를 측정하며, #4번 실린더의 압축상사점에서 흡기측의 #3, #4번 밸브, 배기측의 #2, #4번 밸브를 측정한다.

③ 시크니스 게이지를 사용하여 해당 캠 샤프트의 기초원과 MLA 사이의 간극을 측정한다.

(2) OCV 저항 측정방법

① 멀티미터를 저항위치에 놓고 영점조정을 하여 확인한다.

② 멀티미터의 프로브를 OCV 양단에 대고 저항을 측정한다.

> **주의** 저항 측정 시 감지부나 리드선의 탐침부에 손이 닿으면 저항값의 변화로 실제값과 차이가 발생하여 양, 부가 바뀔 수 있으므로 주의한다.

(3) 답안지 작성방법

① 규정값은 정비지침서 또는 감독위원이 제시한 값을 기재한다.

② MLA 측정값을 기록한 후 판정란에 해당 사항에 ☑체크를 하고 정비 및 조치사항을 작성한다.

판정	측정값	정비 및 조치할 사항 작성 예
☑양호	규정값 이내	정비 및 조치 사항 없음
☑불량	규정값보다 작거나 클 때	태핏 교환 후 재점검

③ 오일컨트롤 밸브 저항 규정값과 측정값을 기록하고 판정란에 해당 사항에 ☑체크를 하고 정비 및 조치사항을 작성한다.

판정	측정값	정비 및 조치할 사항 작성 예
☑양호	규정값 이내	정비 및 조치 사항 없음
☑불량	∞	OCV 밸브 단선, 교환 후 재점검
	0Ω	OCV 밸브 쇼트, 교환 후 재점검

(4) 답안지

☛ 엔진_측정_MLA 밸브 간극 및 OCV 유량 조절밸브 저항 측정_공란

항 목	① 측정(또는 점검)		② 판정 및 정비(또는 조치)사항	
	측 정 값	규 정 값 (정비한계 값)	판정 (□에 "√"표)	정비 및 조치할 사항
MLA 밸브 간극			□양 호 □불 량	
OCV 유량 조절 밸브 저항			□양 호 □불 량	

(5) 답안지 작성

☛ 엔진_측정_MLA 밸브 간극 및 OCV 유량 조절밸브 저항 측정

항 목	① 측정(또는 점검)		② 판정 및 정비(또는 조치)사항	
	측 정 값	규 정 값 (정비한계 값)	판정 (□에 "√"표)	정비 및 조치할 사항
MLA 밸브 간극	0.03mm	0.17~0.25mm	□양 호 ☑불 량	태핏 교환 후 재점검
OCV 유량 조절 밸브 저항	9.8Ω	9.5~10.5Ω	☑양 호 □불 량	정비 및 조치사항 없음

03 시동

시동작업은 수검자들이 가장 절실하고 가장 큰 비중을 두는 항목 중에 하나이다. 그러므로 정해진 시간내에 시동이 되지 않는 원인을 찾고 시동을 걸어야 하는 만큼 사전에 충분한 연습과 단계별 점검과정에서 확실하게 점검을 하여 한 번 점검한 부분을 다시 점검하는 일이 없어야 시간을 줄이고 핵심 점검 포인트를 주의 깊게 살펴보아야 할 것이다.

도난방지 회로가 적용되지 않은 엔진 또는 이상이 없는 경우에 충분한 공기량과 공기량에 맞는 양의 분사상태의 연료 조건, 최적의 시기에 점화 불꽃이 발생이 되고, 크랭킹이 원활하며 압축압력에 문제가 없다면 무조건 시동은 걸려야 한다.

준비물 배선테스터(LED), 퓨즈를 뽑을 수 있는 롱로즈 플라이어, 멀티미터, 후크식 전류계 등

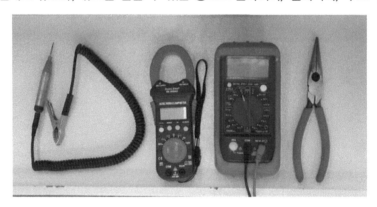

⑴ 육안점검

① 시동장치의 시동모터의 B단자 및 M단자, ST단자 등의 커넥터 체결상태와 접지 상태를
점검한다.

② 연료장치의 연료펌프 전원선, 접지 및 인젝터, 통합 하니스 커넥터 체결상태를 점검한다.

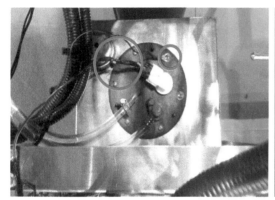 

③ 점화장치의 점화코일 커넥터, 통합 하니스 커넥터, 하이텐션 코드 조립 상태 및 순서,
점화플러그 상태를 점검한다.

④ 크랭크각 센서의 커넥터 상태 및 이중 오링 또는 와셔 삽입여부와 ECU 접지 등을 점검한다.

⑤ 커넥터 및 퓨즈 점검방법

커넥터의 경우 커넥터가 완전히 탈거된 경우와 살짝 빠져 있는 경우, 커넥터 내부 핀 밀림, 다른 커넥터와의 체결, 커넥터 내부 이물질 여부 등을 점검한다.

⑥ 퓨즈점검방법

퓨즈의 경우 일반 퓨즈이면 LED 램프 테스터로 회로 단선여부 확인 후 롱로즈를 사용하여 퓨즈를 탈거하여 단선여부를 확인하고 용량에 맞지 않는 퓨즈 장착 또는 탈거 등을 확인하며, 파워 퓨즈의 경우 퓨즈를 탈거하고 멀티미터를 사용하여 통전검사를 하여 퓨즈 내부 단선여부를 확인한다.

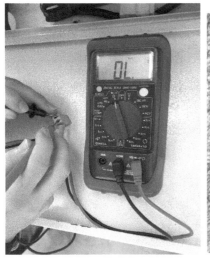

퓨즈의 용량과 퓨즈 단선의
두 가지 유형

(2) 회로 점검

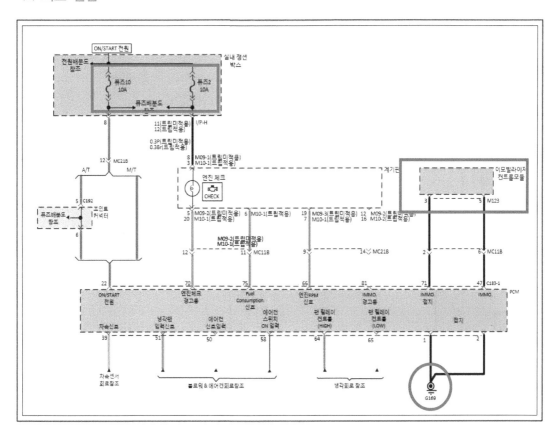

상기 회로도의 분석에 있어 여러 방법의 모색이 가능하다. 예로 IG ON시 계기판에 경고등이 들어오지 않거나 일부만 들어오는 경우 실내 정션 박스의 퓨즈10번과 2번 퓨즈를 배선테스터기로 점검하고 탈거하여 확인한다.

이모빌라이져가 적용된 엔진의 경우 이모빌라이저 컨트롤 모듈 장착 상태, 커넥터 탈거, 핀 밀림 등과 G169의 접지를 확인한다.

엔진을 크랭킹하여 시동모터가 구동되지 않는다면 시동모터의 ST단자, 배터리 (+)단자와 시동모터의 B 단자 간의 상태 및 M단자 상태 등을 확인한다.

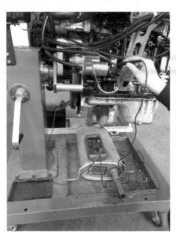

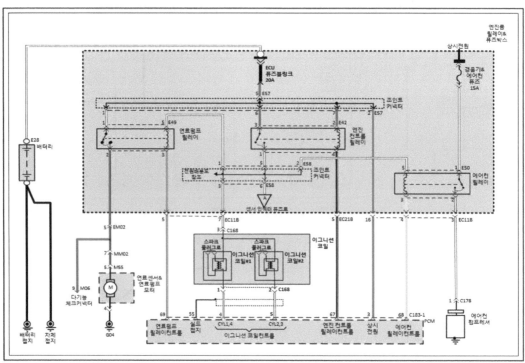

엔진의 크랭킹이 가능하다면, 배선테스터기를 연료펌프의 구동용 전원선인 M55의 5번 단자와 M55의 4번(G04)이 정상적으로 연결된 상태에서 IG ON시 전원이 들어온다면 ECU 퓨즈 블링크 20A와 엔진 컨틀롤 릴레이, 연료펌프 릴레이가 정상으로 작동하는 것으로 추가적으로 점검할 필요가 없다. 그럼에도 불구하고 연료펌프가 구동되지 않는다면 연료펌프의 접지 G04와 연료펌프 4번 단자를 점검하고 이상 없다면 연료펌프 자체 불량인 것이다.

만약 연료펌프 전원선 5번(M55의 5번) 단자에 IG ON시 전원이 오지 않는 다면 엔진 컨트롤 릴레이를 탈거하고 2번과 3번 단자에 전원이 안 들어오는 경우 ECU 퓨즈 블링크 20A 퓨즈를 빼서 확인하고, 2번과 3번 단자에 전원이 들어온다면 엔진 컨트롤 릴레이를 장착하고 이그니션 코일 커넥터 3번 단자에 전원이 오는지 확인한다. 이때 전원이 들어오지 않는 다면 엔진 컨트롤 릴레이 불량이며, 전원이 들어온다면 연료펌프 릴레이의 2번 단자와 연료펌프의 5번 단자 간 도통 시험을 하여 이상 없으면 연료펌프 릴레이 불량이고, 도통이 되지 않는 다면 연료펌프 릴레이와 연료펌프 간 배선 단선으로 판단한다.

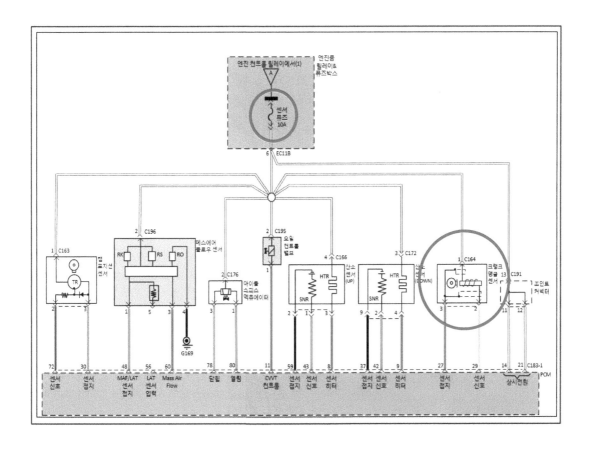

IG ON시 연료펌프가 구동이 되지 않는 경우의 또 다른 경우는 크랭크 앵글 센서 1번 단자에 전원이 오는지 확인하여 미인가시 엔진룸 릴레이 & 퓨즈박스의 센서퓨즈 10A를 탈거하여 확인하고, 전원이 온다면 크랭크 앵글 센서의 장착상태 즉, 와셔 장착, 이중 오링 장착, 커넥터 탈거, 핀 밀림, ECU 접지 등을 확인한다.

점화장치에서 DLI방식의 경우 하이텐션 코드의 순서가 맞지 않게 되면 점화시기가 맞지 않아 시동 불량의 원인이 되며, 파워TR의 단품 및 커넥터 상태, ECU 접지 등을 점검한다. 물론 이때에도 점화 코일 전원선에 후크식 전류계를 연결하여 크랭킹을 하면, 전류의 공급 여부를 알 수 있어 빠른 진단이 가능하다.

#1, 4번 점화코일

#2, 3번 점화코일

04 시동 및 부조 작업

크랭킹은 가능하나 시동이 되지 않으며, 시동이 해결되어도 부조를 하는 안으로 시동과 부조의 원인을 찾아야 한다.
점검절차로 1차 육안점검과 회로분석을 통한 점검, 2차 육안점검 순으로 점검을 하는 것이 빠른 점검이 될 것이다. 주어진 차량과 수검자의 경험, 노하우 등에 따라 작업절차가 달라질 수는 있으나 본 교재에서는 NF소나타 G2.0DOHC를 기준으로 설명 한다.

준비물 ▶ 배선테스터(LED), 퓨즈를 뽑을 수 있는 롱로즈 플라이어, 멀티미터 등

4-1 1차 육안점검 포인트

① 점화코일 및 인젝터 커넥터의 체결상태, 전부 탈거시 "시동", 일부가 탈거된 경우 "부조"

② 공회전속도조절밸브(ISA 등) 커넥터 탈거시 공회전 유지 불량으로 판단 "부조"

③ CKP 커넥터 체결상태, 탈거 및 핀 밀림시 "시동"

④ CKP 장착상태, 이종품, 이중 오링장착, 고정볼트부 와셔추가 장착 등 "시동"

⑤ PCM 커넥터 체결상태 탈거시 "시동" 또는 "부조"

⑥ 하이텐션코드 체결상태(순서 포함) "시동" 또는 "부조"

4-2 회로점검

(1) IG ON하여 연료펌프의 작동음을 확인한다.

> **작동음 확인**
> ◆ 연료펌프 퓨즈20A, ECU RLY 퓨즈링크30A, 엔진컨트롤릴레이, 센서퓨즈15A, 연료 펌프 릴레이, PCM 등 양호

> ◆ 연료호스를 손으로 감싸고 맥동음을 확인한다.

> NO ◆ 연료펌프 호스탈거 또는 연료필터 막힘 "시동"

함께하는 자동차정비기능장의 길

(2) 작동음의 들리지 않는 경우 아래의 컨트롤회로를 참조하여 점검한다.

작동음
미확인
	◆ 연료펌프 릴레이에서 점검
	① 연료펌프 릴레이의 상시전원을 점검하여 미인가시 "연료펌프 퓨즈 20A 점검"-"시동"
	② IG ON 전원 점검하여 미인가시 "센서2 퓨즈15A 점검"-"시동"
	   센서2 퓨즈15A 전원 미인가시 "엔진컨트롤릴레이" 또는 "ECU RLY 퓨즈블링크30A"
	③ 멀티미터의 통전기능으로 접지단자와 차체간의 통전검사하여 미통전시 "PCM, IMMO, 접지
	   점검"
	④ 상기 ①~③항목이 정상이라면 "연료펌프 릴레이 불량"-"시동"

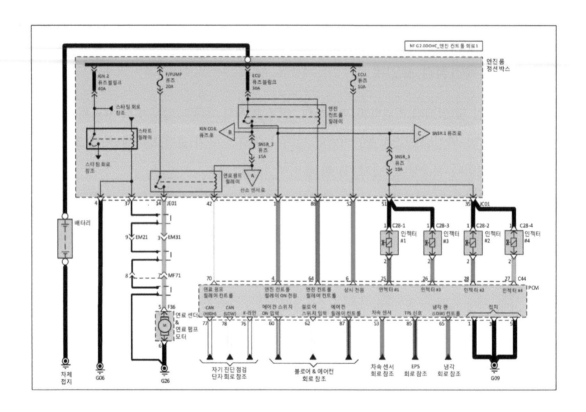

(3) 인젝터 커넥터를 탈거하여 전원 공급여부를 점검한다.

전원 미인가	① 센서 3퓨즈 10A 점검-"시동"

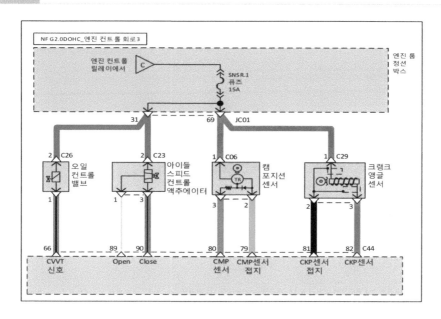

(4) CKP 커넥터를 탈거하여 1번 단자 전원 공급여부를 점검한다.

전원 미인가	① 센서 1퓨즈 15A 점검-"시동" 센서 1퓨즈 전원 미인가시 "컨트롤 릴레이 점검"-"시동"

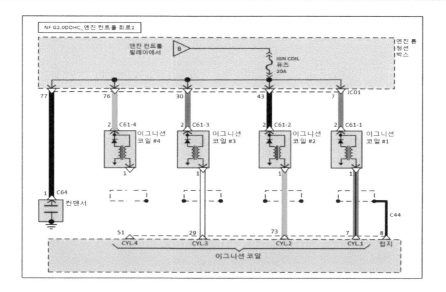

(5) 점화코일 커넥터를 탈거하여 전원 공급여부를 점검한다.

전원 미인가	① IGN COIL 퓨즈 점검-"시동" IGN COIL 퓨즈 전원 미인가시 "컨트롤 릴레이 점검"-"시동"

(6) 상기 과정이 모두 양호하다면 IMMO 모듈 커넥터 체결상태, 코일 안테나 커넥터 상태, 정상
    적인 Key 여부를 점검한다.

4-3 **시동 후 부조에 대한 2차 육안점검 포인트**

① 각종 호스(진공) 빠짐, 찢어짐 여부 점검

② 모든 실린더의 점화플러그를 탈거하여 간극 상태, 이종품 등 점검

③ 모든 인젝터를 탈거하여 막힘여부 점검

④ 에어크리너를 탈거하여 내부 막힘 및 스로틀바디 막힘여부 점검

05 파형

> 평소에 파형을 측정할 수 있도록 준비가 되어 있어야 시험장에서 당황하지 않고 정확한 핀에 프로브 설치가 가능하고 또 잘못 설치하였다고 하더라도 바로 잡을 수 있으며, 파형을 측정하였다면 분석에 맞게 A, B 커서의 위치를 정확하게 잡고 출력을 함으로써 분석을 하는데 무리가 없을 것이다. 일반적으로 엔진에 있어서 파형의 출력은 약 2~3분 이내에 프린터로 출력이 가능할 수 있도록 연습이 필요하다.
> 파형은 점화파형, 디젤 및 가솔린 인젝터 전압과 전류파형, 가변밸브 타이밍 기구인 OCV파형으로 4가지이다.

5-1 점화파형

점화파형에는 점화 1차파형, 점화 2차 파형, 점화 전류파형, 파워TR 베이스 파형 등이 있으며 작업형 시험에서는 점화 1차파형을 측정하고 분석하는 것을 기본 안으로 하고 있다. 분석 요령에 있어 HI-DS의 경우 점화모드가 따로 있고 프로그램적으로 점화전압을 분석할 수 있으나 GDS에서는 점화모드가 따로 없으며 일반 오실로스코프 모드에서 측정을 한다. 따라서 점화전압을 파형으로 측정하여 분석하기는 곤란하다. 그러므로 점화파형에서의 분석포인트는 드웰시간, 서지전압, 화염전파시간과 차량의 상태에 따른 점화코일의 불량, 점화플러그 불량, 해당 실린더의 농후, 희박, 정상적인 연소 상태로 설명할 수 있다.

(1) 점화파형 측정방법

- 측정장비 : GDS
- 채널설정 : A 채널. (+)프로브 : 점화코일 제어선 (−)프로브 : 배터리 (−)단자
- 환경설정 : UNI. DC. 피크. 수동. 전압 : 400V. 시간축 : 500ms (엔진에 따라 상이함)

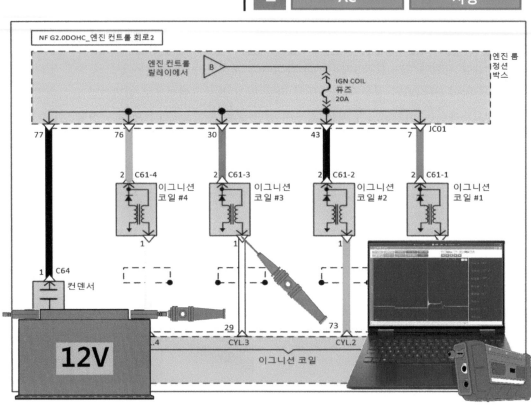

(2) 점화파형 분석_드웰시간, 서지전압

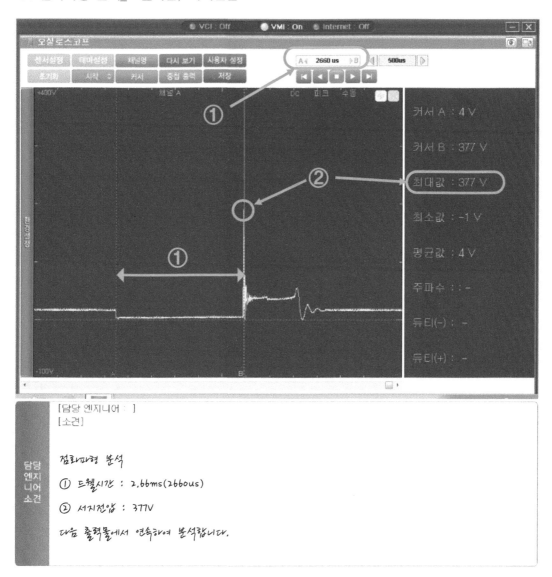

파형의 출력은 분석에 있어서 객관적인 증거가 될 수 있도록 1장 또는 2장으로 출력을 하도록 한다. 점화파형에 있어 시간에 대한 분석이 드웰시간과 화염전파 시간이므로 2장으로 각각 출력하여 분석하는 것이 바람직하다.

상기 파형은 시간축을 500us로 측정한 것으로 파형을 좀 더 크게 잡기 위한 것이며, 설정에 따라 1ms로 측정해도 상관은 없으며, 커서 B값과 최대값이 같은 것을 볼 수 있다. 이는 커서의 위치를 명확하게 하기 위함이며, 서지전압 분석시 최대값이 아닌 커서 B값을 이용해도 무관하다.

(3) 점화파형 분석_화염전파 시간과 연소실의 상태

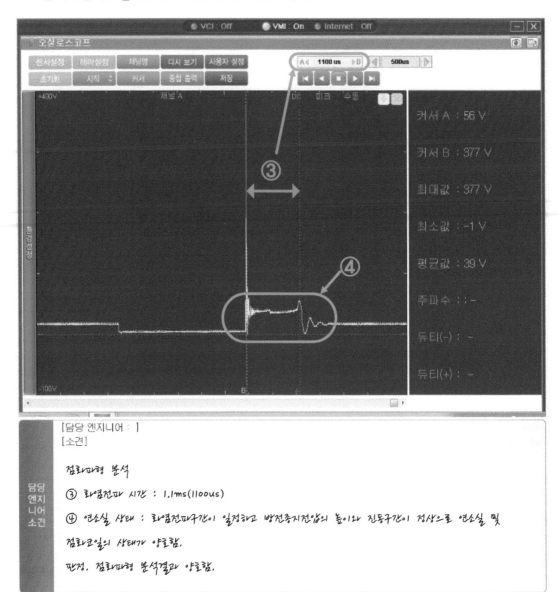

[담당 엔지니어 :]
[소견]

담당
엔지
니어
소견

점화파형 분석

③ 화염전파 시간 : 1.1ms(1100us)

④ 연소실 상태 : 화염전파구간이 일정하고 방전종지전압의 높이와 진동구간이 정상으로 연소실 및

점화코일의 상태가 양호함.

판정. 점화파형 분석결과 양호함.

상기 파형을 보면 B커서는 그대로 두고 A커서를 점화시간 끝부분에 위치시켰다.

이는 커서를 정확한 위치에 잡기위해 불필요한 시간을 단축하기 위함이고, 화염전파 시간에 대한 분석과 함께 연소실의 상태를 같이 분석하였으며, 맨 하단부에 파형에 대한 분석 결과를 판정하여 기재한다.

참고로 ④번에서 화염전파구간이 어지럽게 흐르는 경우 연소실의 상태가 좋지 못하고 점화플러그의 상태가 나쁨을 알 수 있으며, 방전 종지전압이 위로 솟구쳐서 피크 전압과 가깝게 올라가는 경우 희박, 아래로 곤두박질치며 떨어지는 경우 농후로 판단할 수 있고, 파형의 끝 부분에 있는 진동구간이 없는 경우 점화코일의 불량, 진동구간이 춤을 추듯 흔들리는 경우 점화코일 및 점화플러그의 누전으로 판단한다.

(4) 답안지

❧ 엔진_파형_점화파형_공란

항 목	① 측정(또는 점검)			
	분석항목		분석내용	판정 (□에 "√"표)
점화파형	화염전파시간		출력물에 분석내용 기재	□양 호 □불 량
	서지전압			
	드웰시간			

(5) 답안지 작성

❧ 엔진_파형_점화파형_공란

항 목	① 측정(또는 점검)			
	분석항목		분석내용	판정 (□에 "√"표)
점화파형	화염전파시간	1.1ms	출력물에 분석내용 기재	☑양 호 □불 량
	서지전압	377V		
	드웰시간	2.66ms		

5-2 디젤 인젝터 전압 및 전류파형

커먼레일 엔진에서 인젝터의 전압파형과 전류파형의 측정은 충분한 연습이 되지 않고서는 정확한 파형의 인식이 되지 않아 전원선에서 대부분 파형을 측정하는 오류가 발생하기 쉽다. 가솔린 엔진의 경우 인젝터 파형에서 전원선에서는 배터리 전압이 출력되므로 혼동이 없으나 커먼레일의 인젝터 전원선에서도 파형이 계측되어 혼동하기 쉽다는 말이다. 따라서 먼저 전류계를 영점조정후 전류계의 화살표가 ECU를 향하도록 하여 후크가 완전히 닫히도록 하여 설치하고 정상적인 전류파형이 측정되는 선에 스코프 프로브를 연결하는 것이 빠른 방법일 것이다.

최근의 디젤엔진의 경우 예비분사1, 예비분사2, 주분사, 사후분사(DPF 재생 시)로 이루어져 있어 감독위원이 제시하는 예비분사와 주분사에 대한 파형을 측정하고 각각 분석을 해야 하므로 출력물은 분석 포인트에 따라 2장으로 출력하는 것이 바람직하다.

(1) 디젤 인젝터 전압 및 전류파형 측정방법

- 측정장비 : GDS
- 채널설정 : A 채널. (+)프로브 : 인젝터 제어선 (−)프로브 : 배터리 (−)단자
  소전류 프로브 : 인젝터 제어선(화살표가 ECU 향하도록)
  대전류를 사용할 경우. 대전류 프로브 : 인젝터 제어선_화살표가 ECU 향하도록 설치)
- 환경설정 : UNI. DC. 피크. 수동. 전압 : 80V. 전류 : 소전류_20A. 대전류_100A
  시간축 : 750μ s (엔진에 따라 상이함)

시간 설정		◀	750μs	▶

A 채 널	◀	80V	▶	소 전 류	◀	20A	▶
	BI		일반		BI		피크
	AC		자동		AC		자동

시간 설정		◀	750μs	▶

A 채 널	◀	80V	▶	대 전 류	◀	100A	▶
	BI		일반		BI		피크
	AC		자동		AC		자동

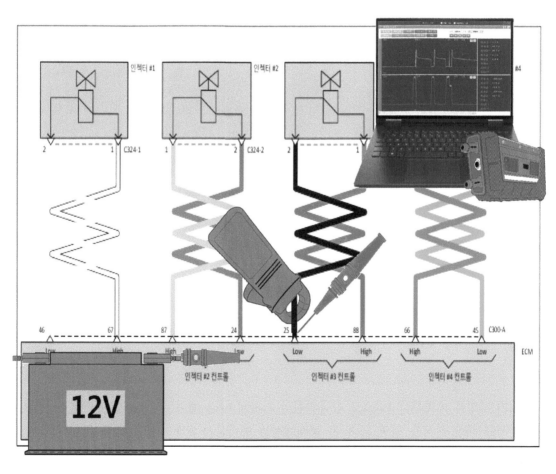

(2) 디젤 인젝터 전압 및 전류파형 분석방법

답안지에서 요구하는 주분사 작동전류, 서지전압, 예비 연료 분사시간에 대한 판독을 하여 답안지에 작성을 하며, 출력물에 각각의 분석내용에 대하여 기재하도록 한다.

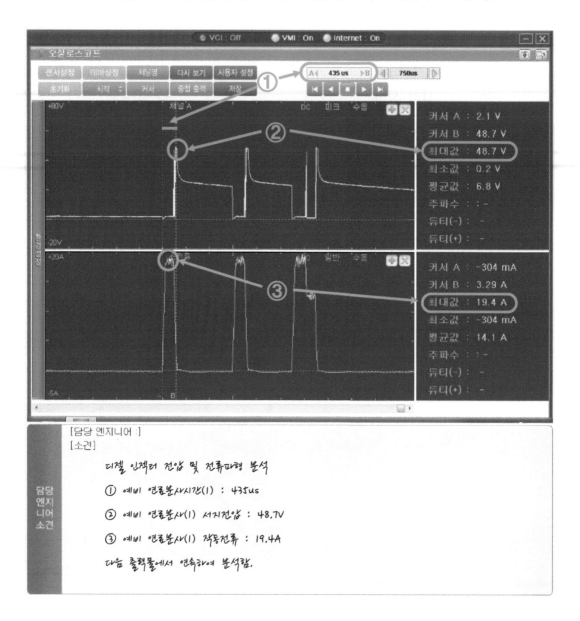

상기 파형은 예비분사 1번으로 감독위원의 지시에 따라 예비분사 1 또는 예비분사 2와 주 분사에 대한 분석을 하면 되며 본 교재에서는 예비분사 2에 대한 부분도 분석한다.

상기 파형의 전류측정에서는 소전류를 사용하였으며, 엔진에 따라 대전류를 사용하는 경우도 있다.

이는 시험장에 비치되어 있는 전류프로브를 보면 알 수 있으며, 대전류를 사용하는 경우 100A에 위치시키고 전류 프로브를 설치하기 전 영점조정창을 클릭하여 100A를 클릭하고 영점이 완료되면 설치하고 환경설정에서 40A로 설정한다.

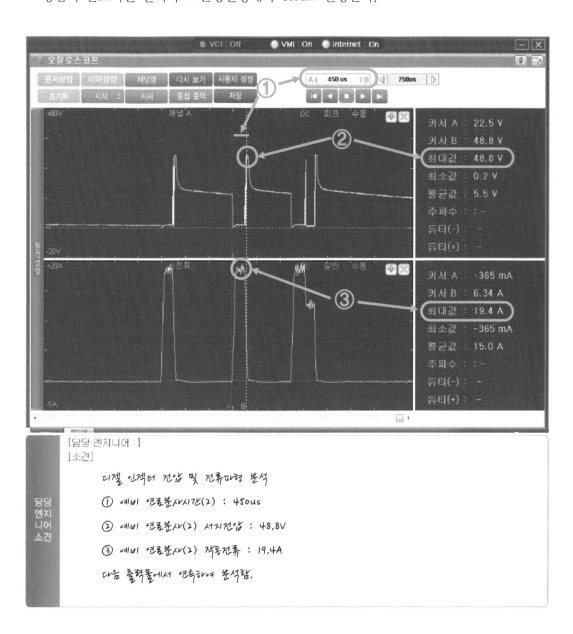

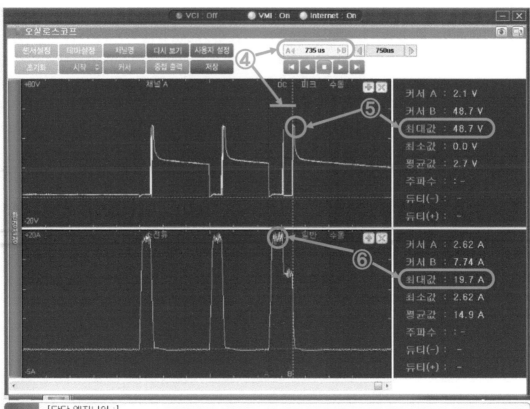

[담당 엔지니어 :]
[소견]

담당
엔지
니어
소견

디젤 인젝터 전압 및 전류파형 분석

④ 주분사시간 : 735us

⑤ 주분사 서지전압 : 48.7V

⑥ 주분사 작동전류 : 19.7A

판정. 상기 파형은 양호함.

(3) 답안지

⏷ 엔진_파형_디젤 인젝터 파형_공란

항 목	① 측정(또는 점검)		
	분석항목	분석내용	판정 (□에 "√"표)
디젤 인젝터 전압 및 전류 파형	주분사작동전류	출력물에 분석내용 기재	□양 호 □불 량
	서지전압		
	예비 연료 분사 시간		

(4) 답안지 작성방법

⏷ 엔진_파형_디젤 인젝터 파형_작성 예

항 목	① 측정(또는 점검)		
	분석항목	분석내용	판정 (□에 "√"표)
디젤 인젝터 전압 및 전류 파형	주분사작동전류 19.7A	출력물에 분석내용 기재	☑양 호 □불 량
	서지전압 48.7V		
	예비 연료 분사 시간 (1회) 435㎲		

5-3 가솔린 인젝터 전압 및 전류파형

답안지에서 요구하는 사항에는 전류파형이 없으나 해당 안에서는 기본적으로 전류파형을 전압파형과 같이 측정하여 분석하는 것을 요구하고 있다. 따라서 전류프로브의 사용방법을 숙지하고 있어야 하며 소전류 프로브 연결 전 영점조정을 하고 이때 후크가 완전히 닫혀 있어야 하며, 소전류 프로브의 옆면에 화살표를 보고 화살표가 ECU를 향하도록 설치한다.

인젝터에 스코프 탐침봉을 직접 꽂는 경우 배선간 쇼트가 되지 않도록 한쪽으로 몰아서 깊숙이 탐침을 찔러 넣도록 주의한다.

소전류 프로브는 후크를 벌려 배선을 넣고 후크가 완전히 닫히는 지를 확인하여야 한다.

⑴ 가솔린 인젝터 전압 및 전류파형 측정방법

- 측정장비 : GDS
- 채널설정 : A 채널. (+)프로브 : 인젝터 제어선. (−)프로브 : 배터리 (−)단자
- 소전류 프로브 : 인젝터 제어선(화살표가 인젝터 향하도록 설치)
- 환경설정 : UNI. DC. 피크. 수동. 전압 : 80V. 소전류 : 2A. 시간축 : 1.5ms (엔진에 따라 상이함)

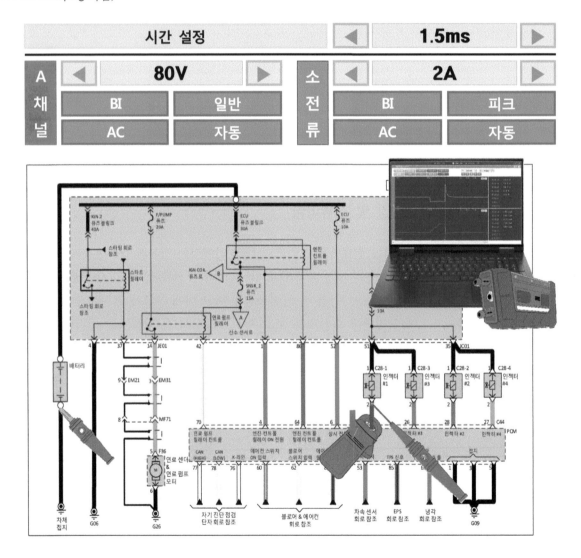

(2) 가솔린 인젝터 전압 및 전류파형 분석

가솔린 인젝터 전압파형에서는 TR ON 작동전압과 서지전압 및 연료분사시간에 대한 표출된 정보를 답안지에 따른 분석을 하고 추가적으로 최대 전류값과 인젝터 니들밸브 열림시점 등을 출력물에 기재한다.

TR ON 작동전압의 경우 커서 A와 B사이의 최소값으로 표기하고 파형분석에 대한 판정을 한다.

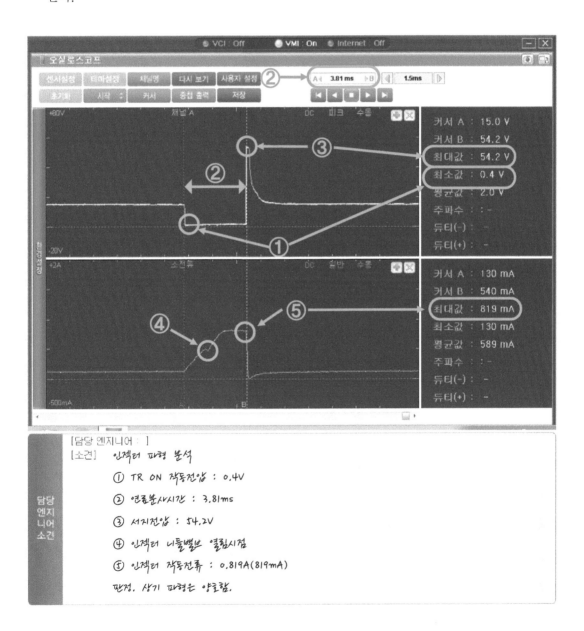

(3) 답안지

● 엔진_파형_인젝터 파형_공란

항 목	① 측정(또는 점검)			
	분석항목		분석내용	판정 (□에 "√"표)
가솔린 인젝터 전압 및 전류 파형	TR ON(작동)전압		출력물에 분석내용 기재	□양 호 □불 량
	서지전압			
	연료 분사 시간			

(4) 답안지 작성방법

● 엔진_파형_인젝터 파형_작성 예

항 목	① 측정(또는 점검)			
	분석항목		분석내용	판정 (□에 "√"표)
가솔린 인젝터 전압 및 전류 파형	TR ON(작동)전압	0.4V	출력물에 분석내용 기재	☑양 호 □불 량
	서지전압	54.2V		
	연료 분사 시간	3.81ms		

5-4 가변밸브 타이밍 기구(OCV) 파형

최근의 엔진에는 흡기캠 샤프트와 배기캠 샤프트에 각각 OCV밸브를 장착하여 ECU 신호에 의해 오일펌프에서 보내진 오일 유압을 OCV에서 전달 또는 차단시켜 캠각을 진각 또는 지각시킴으로 크랭크샤프트의 회전에 대한 캠샤프트의 회전각도를 연속적으로 변환시켜 전 영역에 걸쳐 기관의 출력향상과 함께 연비향상 및 배출되는 배기가스를 저감시키는 것을 목적으로 적용하였다.

⑴ 가변밸브 타이밍기구 파형 측정방법

• 측정장비 : GDS

• 채널설정 : A 채널. (+)프로브 : OCV 제어선. (−)프로브 : 배터리 (−)단자

• 환경설정 : UNI. DC. 일반. 수동. 전압 : 20V. 시간축 : 1ms (엔진에 따라 상이함)

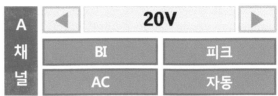

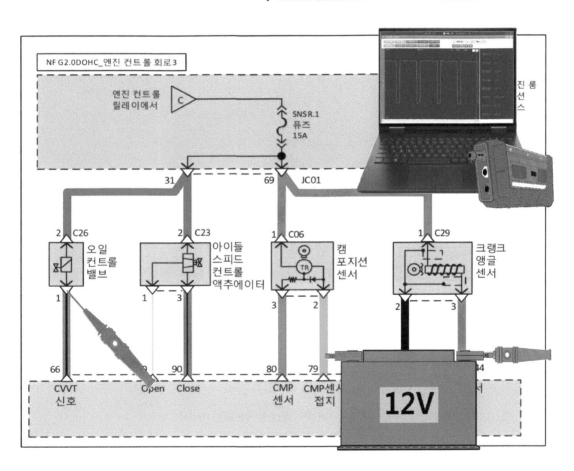

(2) 가변밸브 타이밍기구 파형분석방법

가변밸브 타이밍기구(OCV) 파형의 분석에 있어서 듀티와 작동시간, 작동전압을 기재하여야 하며, GDS의 특성상 듀티와 작동시간을 한 번의 프린트물로 분석이 불가능함으로 2장으로 출력하여 분석하여야 한다.

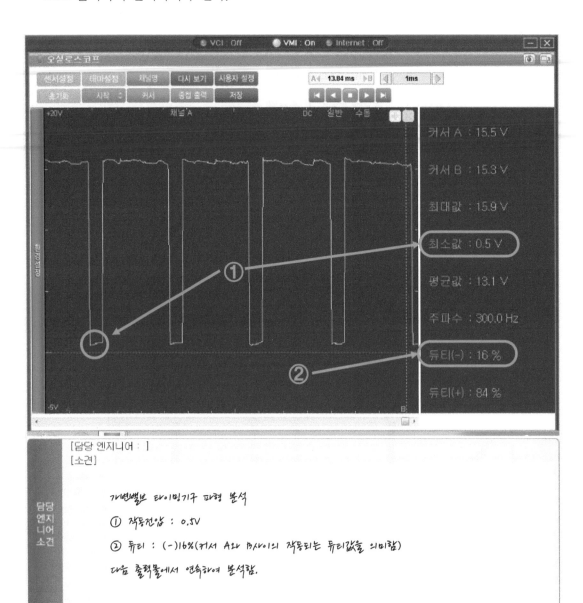

[담당 엔지니어 :]
[소견]

가변밸브 타이밍기구 파형 분석
① 작동전압 : 0.5V
② 듀티 : (-)16%(커서 A와 B사이의 작동되는 듀티값을 의미함)
다음 출력물에서 연속하여 분석함.

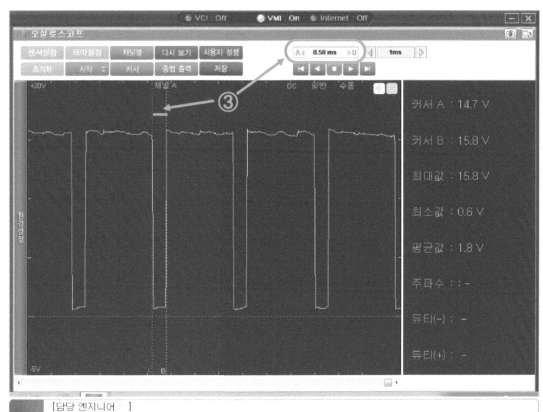

[담당 엔지니어 :]
[소견]

담당
엔지
니어
소견

가변밸브 타이밍기구 파형분석

③ 작동시간 : 0.58ms

판정. 상기 파형은 양호함.

01 엔진   79

(3) 답안지

❝ 엔진_파형_가변밸브 타이밍기구 파형_공란

항 목	① 측정(또는 점검)			판정 (□에 "√"표)
	분석항목		분석내용	
가변밸브 타이밍기구 파형	작동 전압		출력물에 분석내용 기재	□양 호 □불 량
	듀티			
	작동시간			

(4) 답안지 작성방법

❝ 엔진_파형_가변밸브 타이밍기구 파형_작성 예

항 목	① 측정(또는 점검)			판정 (□에 "√"표)
	분석항목		분석내용	
가변밸브 타이밍기구 파형	작동 전압	0.5V	출력물에 분석내용 기재	☑양 호 □불 량
	듀티	(-)16%		
	작동시간	0.58ms		

06 점검 및 측정

점검 및 측정에서는 배기가스 측정, 연료압력조절밸브 듀티, 연료온도센서 출력 전압, 액셀포지션 센서의 출력 전압과 공기유량센서 출력 전압 및 TPS 출력 전압에 대한 측정 등 3개의 대 항목에 6개의 소 항목으로 구성되어 있다.

6-1 배기가스 측정

시험장마다 배기가스 측정장비의 종류와 사용방법이 다를 수 있으므로 장비에 따른 기본적인 사용방법을 익혀두어야 한다. 다만, 기능장 작업형의 특성상 오전부터 오후까지 장비를 가동하기 때문에 장비의 전원을 끄지 않고 대기모드로 진행이 되는 경우가 많다.

배기가스 측정은 검사로서 기준값이 제공되지 않으므로 연식에 따른 기준값을 필히 암기하고 측정에 임하여야 한다.

차량의 연식 및 차종은 감독위원이 제시한 등록증을 보고 판독하거나 제사하지 않는 경우 차대번호를 확인하여 판독한다.

> **주의** 1. 측정 전 차량의 상태는 워밍업이 끝난 상태에서 변속레버를 P 또는 N위치에 놓는다.
> 2. 공회전 상태로 모든 부하를 OFF하여 측정한다.
> 3. 측정 전 채취관의 수분을 제거하고 퍼지 중이거나 측정 후에는 채취관을 차량에서 빼놓는다.
> 4. 배기관이 두 개일 경우 임의의 배기관에서 측정한다.

(1) 측정방법

① 장비의 전원을 켜면 자동으로 예열, 퍼지, 영점 등을 실행하고 측정 대기 상태로 대기 된다.

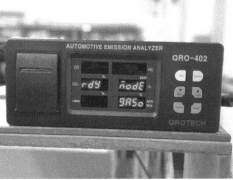

② 프로브를 배기구에 30cm 깊이로 삽입하고 ENTER 버튼을 눌러 측정을 시작하고 배출가스가 측정기로 유입이 되어 데이터값이 안정될 때까지 잠시 대기한 후 프린터 버튼을 눌러 측정값을 출력하고 프로브를 차량에서 제거 하여 정위치 또는 환기가 잘되는 곳에 거치한다.

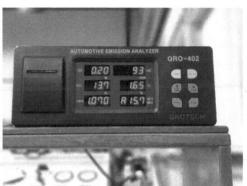

⑥ 프린터된 출력물을 답안지에 기록하고 감독위원에게 제출한다.

(2) 차대번호 구성과 차량 제작연도 구분 부호

K	M	H	C	H	4	1	B	P	3	U	1	2	3	4	5	6
1	2	3	4	5	6	7	8	9	10	11				12		
제작회사군			자동차 특성군								제작 일련군					

① 지역국가(K: 한국, J: 일본, I: 미국 등)
② 제작사(M: 현대자동차, L: 대우자동차, N: 기아자동차, P: 쌍용자동차 등)
③ 차량_종별 구분(H: 승용차, F: 화물차, J: 승합차 등)
④ 차종(C: 베르나, E: 쏘나타 III 등)
⑤ 세부차종 및 등급
⑥ 차체형상(3: 세단 3도어, 4: 세단 4도어 등)
⑦ 안전장치(1: 액티브 벨트, 2: 패시브 벨트)
⑧ 원동기(B: 1,500cc DOHC 가솔린 엔진, F: 1,300cc SOHC 가솔린 엔진 등)
⑨ 운전석 위치(P: 왼쪽, R: 오른쪽)
⑩ 제작년도

연도	부호	연도	부호	연도	부호	연도	부호
2000	Y	2011	B	2015	F	2019	K
2001	1	2012	C	2016	G	2020	L
2009	9	2013	D	2017	H	2021	M
2010	A	2014	E	2018	J	2022	N

※2001년부터 1로 시작해서 2009년 9로 끝나며, 숫자 "0", 알파벳 "I", "O", "Q", "U", "Z"는 사용하지 않는다.
⑪ 생산공장(U: 울산공장, C: 전주공장 등)
⑫ 제작일련번호(000001~999999)

(3) 검사기준

차종		제작일자	일산화탄소 (CO)	탄화수소 (HC)	공기과잉률 (λ)
경자동차		1997년 12월 31일 이전	4.5% 이하	1,200ppm 이하	1±0.1이내 다만, 기화기식 연료공급장치는 1±0.15이내, 촉매 미부착 자동차는 1±0.20이내
		1998년 1월 1일부터 2000년 12월 31일까지	2.5% 이하	400ppm 이하	
		2001년 1월 1일부터 2003년 12월 31일까지	1.2% 이하	220ppm 이하	
		2004년 1월 1일 이후	1.0% 이하	150ppm 이하	
승용자동차		1987년 12월 31일 이전	4.5% 이하	1,200ppm 이하	
		1988년 1월 1일부터 2000년 12월 31일까지	1.2% 이하	220ppm 이하 (휘발유, 알코올 사용 자동차) 400ppm (가스사용자동차)	
		2001년 1월 1일부터 2005년 12월 31일까지		220ppm 이하	
		2006년 1월 1일 이후	1.0% 이하	120ppm 이하	
승합, 화물, 특수 자동차	소형	1989년 12월 31일 이전	4.5% 이하	1,200ppm 이하	
		1990년 1월 1일부터 2003년 12월 31일까지	2.5% 이하	400ppm 이하	
		2004년 1월 1일 이후	1.2% 이하	220ppm 이하	
	중·대형	2003년 12월 31일 이전	4.5% 이하	1,200ppm 이하	
		2004년 1월 1일 이후	2.5% 이하	400ppm 이하	

(4) 측정값이 불량한 경우의 예상 원인

측정값이 불량한 경우	예상 가능한 원인
CO값이 규정보다 높고 HC값은 규정값 이내일 경우	인젝터
공기과잉률이 높거나(희박) 낮을 경우(농후)	WTS, ATS, CKP, TPS, AFS, MAP, 산소센서 등 센서 불량
	ISC, 인젝터, 연료압력조절기 열림 고착, 연료필터 막힘, 연료펌프, 불량 연료, ECU 등의 액츄에이터 및 제어기 불량
	하이텐션 코드, 점화 플러그, 점화 코일 등 점화장치 불량
	PCSV, PCV, EGR, 삼원촉매 등 배기장치 등의 불량
	에어크리너 기밀상태, 압축압력 등의 기계적인 불량
공기과잉률이 낮을 경우(농후)	연료압력조절기 닫힘 고착 및 진공호스, 에어크리너 막힘 등의 불량

(5) 답안지

엔진_배기가스측정_공란

항목		① 측정(또는 점검)		②판정 및 정비(또는 조치)사항	
		측 정 값	기준값	판정 (□에 "√"표)	정비 및 조치사항
배기가스	CO			□양 호 □불 량	
	HC				
	λ				

※ 감독위원이 제시한 자동차등록증(또는 차대번호)을 활용하여 차종 및 연식을 적용합니다.
※ 자동차검사기준 및 방법에 의하여 기록 · 판정합니다.
※ CO 측정값은 소수점 첫째자리까지만 기입하고 HC 측정값은 소수점자리를 기록하지 않습니다.
※ 검사항목의 기준값은 암기하여야 한다.

(6) 답안지 작성

엔진_배기가스측정_(2001년 1월 1일 ~ 2005년 12월 31일까지)_양호 시 작성 예

항목		① 측정(또는 점검)		②판정 및 정비(또는 조치)사항	
		측 정 값	기준값	판정 (□에 "√"표)	정비 및 조치사항
배기가스	CO	0.2%	1.2%이하	☑양 호 □불 량	정비 및 조치사항 없음
	HC	93ppm	220ppm이하		
	λ	1.0	1±0.1이내		

엔진_배기가스측정_(2006년 1월 1일 이후)_불량 시 작성 예

항목		① 측정(또는 점검)		②판정 및 정비(또는 조치)사항	
		측 정 값	기준값	판정 (□에 "√"표)	정비 및 조치사항
배기가스	CO	1.2%	1.0%이하	□양 호 ☑불 량	삼원촉매 교환 후 재점검
	HC	130ppm	120ppm이하		
	λ	1.0	1±0.1이내		

연료압력조절밸브 듀티, 연료온도센서 출력 및 액셀포지션 센서 출력 전압 측정

일반적으로 CRDi 차량에서 측정을 하며 연료압력조절밸브의 경우 입구제어와 출구제어를 동시에 제어하는 타입의 경우 감독위원이 제시하는 연료압력조절밸브를 측정한다.

측정도구로 멀티미터 또는 GDS를 사용할 수 있으며, 복합적으로도 사용하여 측정할 수 있다.

(1) 연료압력조절밸브 듀티 측정방법(멀티미터 사용)

① 차량의 시동을 걸고 연료압력조절밸브의 제어선에 멀티미터 (+)프로브를 연결하고 (−)프로브는 배터리 (−)단자 또는 차체에 연결한다.

② 멀티미터를 Hz에 위치시키고 FUNCTION(노랑색) 버튼을 눌러 듀티 모드로 전환시킨다.

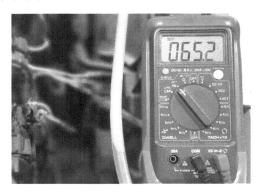

③ 측정되는 듀티는 (+)듀티로 100−65.2=(−)34.8%가 된다.

(2) 연료온도센서 출력 전압 측정방법(멀티미터 사용)

① 차량의 시동을 걸고 연료온도센서의 출력선에 멀티미터 (+)프로브를 연결하고 (−)프로브는 배터리 (−)단자 또는 차체에 연결한다.

② 멀티미터를 DC-V에 위치시키고 출력되는 전압을 판독한다.

(3) 액셀페달센서 출력전압 측정방법(멀티미터 사용)

① 차량의 시동을 OFF하고 IG ON으로 한 후 감독위원의 제시에 따라 액셀페달센서 1번 또는 2번 출력선에 멀티미터 (+)프로브를 연결하고 (−)프로브는 배터리 (−)단자 또는 액셀페달센서 접지에 연결한다.

② 멀티미터를 DC-V에 위치시키고 출력되는 전압을 판독한다. 공회전 측정의 경우 그대로 측정을 하며 WOT의 경우 액셀 페달을 끝까지 누르고 측정하면 된다.

[공회전 시 APS 1 출력전압(좌)과 APS 2 출력전압(우)]

(4) GDS를 사용한 연료압력조절밸브의 듀티와 연료온도센서 측정방법

① GDS의 화면에서 오실로스코프를 선택하고 해당 차종과 연식을 정확하게 선택한다.

② 차량은 시동 상태에서 측정한다.

③ 채널 프로브를 아래와 같이 연결한다.

- GDS VMI 채널 A(적색) (+)프로브 : 연료압력조절밸브 제어선, (−)프로브 : 배터리 (−)
- GDS VMI 채널 B(황색) (+)프로브 : 연료온도센서 출력선, (−)프로브 : 배터리 (−)
- 환경 설정 : A, B채널 DC, 20V, 일반, UNI, 수동
- 시간 설정 : 2ms

④ 출력되는 파형을 정지시켜 커서 A와 B를 넓게 위치시키고 출력한다.

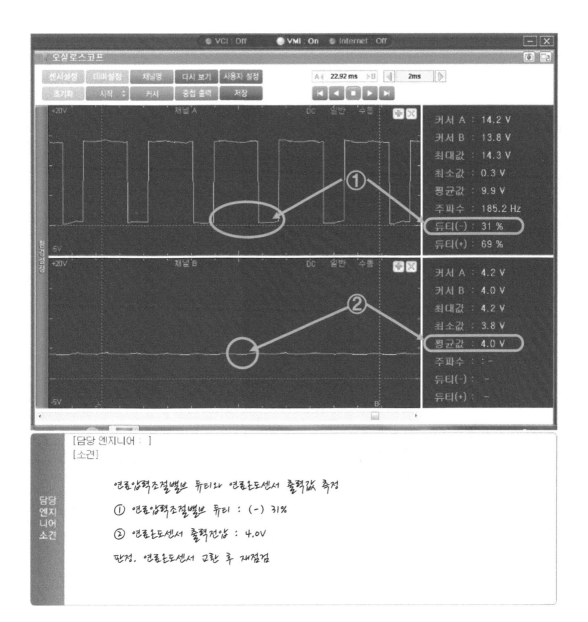

(5) GDS를 사용한 액셀페달센서 측정방법

① GDS의 화면에서 오실로스코프를 선택하고 해당 차종과 연식을 정확하게 선택한다.

② 차량은 IG ON 상태에서 측정한다.

③ 채널 프로브를 아래와 같이 연결한다.

- DS VMI 채널 A(적색) (+)프로브 : 액셀 페달센서1 출력선, (−)프로브 : 배터리 (−)
- GDS VMI 채널 B(황색) (+)프로브 : 액셀 페달센서2 출력선, (−)프로브 : 배터리 (−)

- 환경 설정 : A, B채널 DC, 8V, 일반, UNI, 수동
- 시간 설정 : 100ms

④ 출력되는 파형을 정지시켜 커서 A를 공회전 구간에 커서B를 WOT구간에 위치시키고 출력한다.

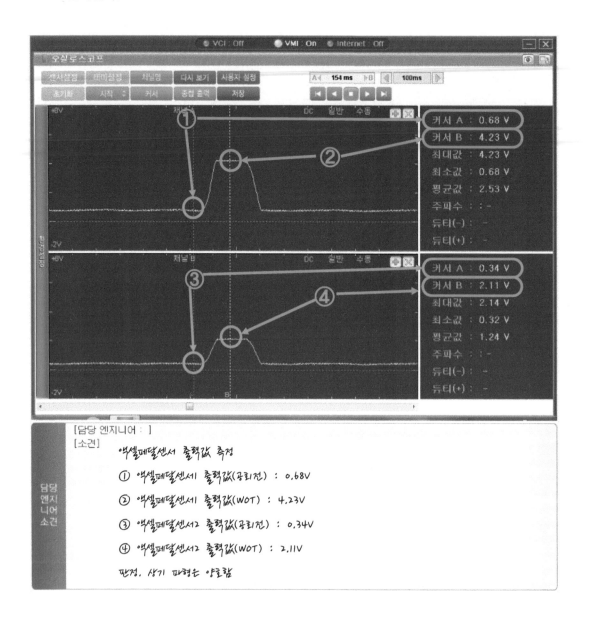

[담당 엔지니어 :]

[소견]

액셀페달센서 출력값 측정

① 액셀페달센서1 출력값(공회전) : 0.68V

② 액셀페달센서1 출력값(WOT) : 4.23V

③ 액셀페달센서2 출력값(공회전) : 0.34V

④ 액셀페달센서2 출력값(WOT) : 2.11V

판정. 상기 파형은 양호함

(6) 답안지

■ [엔진_점검 및 측정] 연료압력조절밸브, 연료온도센서, APS 출력 전압 측정_공란

위치	① 측정(또는 점검)		② 판정 및 정비(또는 조치)사항	
	측 정 값	규정 값 (정비한계 값)	판정 (□에 "√"표)	정비 및 조치할 사항
연료 압력 조절밸브듀티값			□양 호 □불 량	
연료 온도 센서 출력 전압			□양 호 □불 량	
APS1 또는 APS2 출력 전압	공전	공전	□양 호 □불 량	
	가속	가속		

(7) 답안지 작성

■ [엔진_점검 및 측정] 연료압력조절밸브, 연료온도센서, APS 출력 전압 측정_작성예

위치	① 측정(또는 점검)		② 판정 및 정비(또는 조치)사항	
	측 정 값	규정 값 (정비한계 값)	판정 (□에 "√"표)	정비 및 조치할 사항
연료 압력 조절밸브듀티값	(-)31%	(-)29~36%	☑양 호 □불 량	정비 및 조치사항 없음
연료 온도 센서 출력 전압	4.0V	1.8~2.5V	□양 호 ☑불 량	연료온도센서 교환 후 재점검
APS1 또는 APS2 출력 전압	공전 0.7V	공전 0.5~0.8V	☑양 호 □불 량	정비 및 조치사항 없음
	가속 4.2V	가속 4.1~4.8V		

6-3 공기유량센서 출력 전압 및 스로틀포지션 센서 출력 전압 측정

공기유량센서와 스로틀포지션 센서의 출력값을 급가속하여 최소값과 최대값을 판독하고 이상 유무를 판정하는 항목으로 AFS 또는 MAP센서 중 감독위원이 제시하는 엔진에서 측정한다.

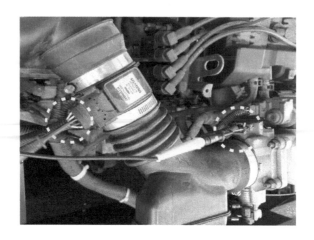

⑴ 공기유량센서 출력 전압 및 스로틀포지션 센서 출력 전압 측정방법

- 측정장비 : GDS
- 채널설정 : A 채널. (+)프로브 : AFS 제어선 (−)프로브 : 배터리 (−)단자 또는 센서 접지선

  B 채널. (+)프로브 : TPS 제어선 (−)프로브 : 배터리 (−)단자 또는 센서 접지선
- 환경설정 : UNI. DC. 일반. 수동. 전압 : 8V. 시간축 : 100ms (엔진에 따라 상이함)

⑵ 공기유량센서 출력 전압 및 스로틀포지션 센서 출력 전압 분석방법

공기유량센서와 스로틀포지션 센서는 각각 5V의 전원을 입력받고 따라서 출력은 WOT시 최소 4V 이상이 출력되어야 한다.

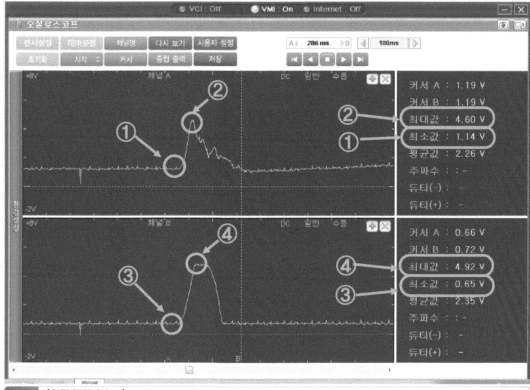

[담당 엔지니어 :]

[소견] 공기유량센서와 스로틀포지션 센서 출력 파형분석

① 공기유량센서 공회전 구간 : 1.14V

② 공기유량센서 급가속 구간 : 4.60V

③ 스로틀포지션센서 공회전 구간 : 0.65V

④ 스로틀포지션센서 급가속 구간 : 4.92V

판정. 상기 파형은 양호함.

담당
엔지
니어
소견

(3) 답안지

❝ 엔진_점검 및 측정_스로틀위치 센서 및 공기유량센서(AFS 또는 MAP) 측정_공란

위치	① 측정(또는 점검)		② 판정 및 정비(또는 조치)사항	
	측 정 값	규정 값 (정비한계 값)	판정 (□에 "√"표)	정비 및 조치할 사항
스로틀 위치 센서(TPS)	전폐		□양 호	
	전개		□불 량	
공기유량센서 (AFS & MAP)	전폐		□양 호	
	전개		□불 량	

(4) 답안지 작성

❝ 엔진_점검 및 측정_스로틀위치 센서 및 공기유량센서(AFS 또는 MAP) 측정_작성 예

위치	① 측정(또는 점검)		② 판정 및 정비(또는 조치)사항	
	측 정 값	규정 값 (정비한계 값)	판정 (□에 "√"표)	정비 및 조치할 사항
스로틀 위치 센서(TPS)	전폐 0.65V	0~0.8V	□양 호	정비 및 조치사항 없음
	전개 4.92V	4.0~5.0V	☑불 량	
공기유량센서 (AFS & MAP)	전폐 1.14V	0.54~1.8V	□양 호	정비 및 조치사항 없음
	전개 4.60V	4.0~5.0V	☑불 량	

Section 02
섀시

- 탈부착
- 측정
- 파형
- 점검 및 측정

섀시 작업형에 대한 이해

섀시 탈부착은 다음과 같이 11개의 항목으로 이루어져 있다.

1	브레이크 마스터 실린더	7	전륜 현가장치 로어암
2	브레이크 캘리퍼	8	조향기어 박스
3	전(후)륜 허브 베어링	9	쇽업소버 코일 스프링
4	인히비터 스위치	10	등속 조인트(부트)
5	파워스티어링 오일펌프	11	ABS 모듈
6	핸들 컬럼 샤프트		

기록표작성은 탈부착 작업형과 연계된 측정, 점검 및 측정 항목과 최소회전반경 측정, 제동력 측정, 사이드 슬립 측정 및 파형 측정에 대한 기록 등으로 구성되어져 있다.

1	타이어 점검(타이어 제작시기/ 트레드 깊이/ 타이어 최대 하중)
2	브레이크 디스크 런 아웃 측정 및 휠 스피드센서 에어 갭 측정
3	변속기 오일 온도센서 저항 측정 및 인히비터 스위치 점검
4	작동 시 변속기 클러치 압력 측정 및 변속기 솔레노이드 저항 측정
5	파워스티어링 펌프 압력 측정 및 핸들 유격 측정
6	오일펌프 배출압력 측정 및 유량제어 솔레노이드 저항 측정
7	캐스터, 캠버, 토우, 셋백 측정
8	최소회전반경 측정
9	사이드 슬립 측정
10	제동력 측정
11	MDPS 모터 전류파형
12	ABS 휠 스피드센서 파형
13	자동변속기 입(출)력 센서 파형
14	레인지 변환 시(N→D) 유압제어 솔레노이드 파형
15	EPS 솔레노이드 밸브 파형

측정 항목에서 저항 측정 시 감지부나 리드선의 탐침부에 손이 닿으면 저항값의 변화로 실제값과 차이가 발생하여 양, 부가 바뀔 수 있으므로 주의한다.

파형측정은 상기 기록표작성 부분에 11번부터 15번 항목까지 5개의 항목으로 구성되어져 있다.

섀시 작업형에서 탈부착은 11개로 이루어져 있으며, 실차에서 탈부착을 하는 시험장이 있는 반면에 시뮬레이터에서 탈부착을 하는 경우도 있습니다. 시뮬레이터에서 탈부착을 하는 경우 반드시 실차 기준으로 탈부착을 하는 것이 핵심입니다.

1-1 브레이크 마스터 실린더

① 배터리 (–)단자를 탈거하고 차종에 따라 공간이 나오지 않을 경우 에어크리너 커버를 탈거한다.

② 브레이크 액 레벨센서 커넥터 (A)를 탈거하고 리저버 캡(B)을 열어 브레이크 액을 배출시킨다.

③ 플레어 너트 (A)와 마스터 실린더 고정 볼트 (B)를 풀어 마스터 실린더를 탈거한다.

④ 감독위원에게 탈거한 마스터실린더를 확인받은 후 분해 역순으로 조립하고 브레이크 액을 보충한 후 공기빼기를 실시한다.

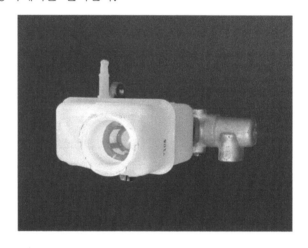

1-2 브레이크 캘리퍼

브레이크 관련 탈부착에서 브레이크 액의 누유에 의한 차량의 부식을 방지하기 위하여 누유가 발생되면 즉시 닦아 내며, 호스 류 탈거 시 헝겊을 덮어 차량이나 바닥에 떨어지지 않도록 주의한다.

① 자동차를 리프트로 상승시킨 후 프런트 휠과 타이어를 허브에서 탈거한다.

② 브레이크 호스에 헝겊이나 장갑을 대고 바이스 플라이어로 물려 브레이크 액의 누유를
방지한다.

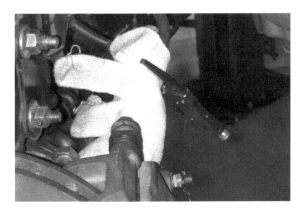

③ 브레이크 호스 고정 볼트 (A)와 캘리퍼 고정 볼트 (B)를 푼다.

④ 브레이크 캘리퍼를 탈거하여 감독위원에게 확인받은 후 분해 역순으로 조립한다.

⑤ 캘리퍼를 부착하고 브레이크 액을 보충한 후 공기빼기를 실시한다.

> **주의** 차량에 적용되는 볼트의 양쪽으로 삽입되는 동와샤 류는 탈착 시 교환을 하므로 감독위원에게 교환에 따른 요청사항을 말한다.

1-3 전(후)륜 허브 베어링

안에 따라 전륜 또는 후륜의 허브 베어링 탈부착을 하는 작업으로 허브와 너클이 일체형인 경우와 분리형으로 나뉘며, 분리형의 경우 허브와 너클을 분리하고 베어링을 탈거하여 감독위원에게 확인을 받는다.

① 타이어를 탈거한 후 디스크 패드를 탈거하고 캘리퍼 어셈블리를 탈거하여 고리 또는 끈 등을 이용하여 브레이크 호스에 무리가 가지 않도록 걸어둔다.

② 디스크를 탈거하고 허브 베어링 어셈블리를 탈거하여 감독위원에게 확인받은 후 분해 역
순으로 조립한다.

1-4 인히비터 스위치

① 변속레버를 N에 위치시키고 배터리 및 배터리 트레이를 탈거한다.

② 인히비터 스위치가 N 위치에 있는지를 확인하고 인히비터 스위치 커넥터를 탈거하고 변속레버 케이블 고정너트 및 컨트롤 레버 고정너트를 분리한다.

③ 컨트롤 레버를 탈거하고 인히비터 스위치 고정 볼트를 탈거하여 인히비터 스위치를 탈거한다.

④ 탈거한 인히비터 스위치를 감독위원에게 확인받은 후 분해 역순으로 조립하고 변속레버와 인히비터 스위치가 N에 위치하는지 확인한다.

1-5 파워스티어링 오일펌프

파워스티어링 오일펌프의 탈부착의 경우 실차보다는 시뮬레이터에서 작업하는 경우가 많다.
그렇다고 해도 실차에 준하는 탈부착 작업을 하여야 하므로 주의가 요한다.
작업 시 안전수칙을 준수하고 사전에 정비지침서를 충분히 숙지하여야 한다.

① 배터리 (−)단자와 파워스티어링 스위치를 탈거 한다.

② 파워스티어링 오일펌프에서 압력호스와 석션호스를 분리하여 오일을 배출시킨다.

③ 텐셔너 (A)를 이용하여 드라이브 벨트의 장력을 해제하고 드라이브 벨트를 탈거한다.

④ 파워오일펌프의 풀리를 돌려 마운팅 볼트를 풀고 파워스티어링 오일펌프를 탈거한다.

⑤ 탈거한 파워스티어링 펌프를 감독원에게 확인받은 후 분해 역순으로 조립한다.

⑥ 파워스티어링 펌프를 부착하고 파워스티어링 액을 보충한 후 공기빼기를 실시한다.

> **주의** 차량에 적용되는 볼트의 양쪽으로 삽입되는 동와샤 류는 탈착 시 교환을 하므로 감독위원에게 교환에
> 따른 요청사항을 말한다.

1-6 핸들 컬럼 샤프트

컬럼 샤프트를 탈거하기위해서는 조향 핸들을 탈거하여야 하며 이때 조향핸들의 위치 및 타이
어의 위치를 정대시키며, 배터리 (−)단자를 먼저 탈거한 후 작업에 임한다.

① 정비지침서를 숙지하여 안전에 기하여 핸들에서 에어백 모듈과 핸들을 탈거한다.

② 다기능 스위치 커버와 클럭스프링을 탈거한다.

③ 다기능 스위치 어셈블리를 탈거한다.

④ 컬럼 샤프트를 고정하는 브라켓트의 볼트를 탈거한다.

⑤ 조인트 어셈블리에서 컬럼 샤프트와 연결되는 위치에 마킹 후 볼트를 탈거하여 컬럼샤프트를 분리한다.

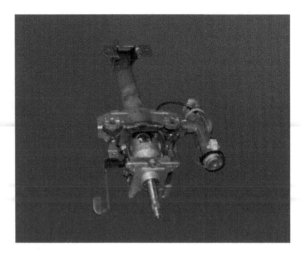

⑥ 탈거한 컬럼 샤프트를 감독위원에게 확인받은 후 분해 역순으로 조립한다.

1-7 전륜현가장치 로어암

로어암은 현가장치의 구성요소 중의 하나로 캠버, 캐스터, 토우 등의 영향을 받으며, 로어암의 탈부착 작업은 주로 얼라인먼트 측정을 동반한다.

① 자동차를 리프트로 상승시킨 후 프런트 휠과 타이어를 허브에서 탈거한다.

② 허브와 연결된 너트를 분리한다.

③ 스태빌라이저와 로어암에 연결되어 있는 링크 (A)와 로어암 체결 너트 및 볼트 (B), (C)
를 푼다.

④ 로어암을 탈거하여 감독위원에게 확인받은 후 분해 역순으로 조립한다.

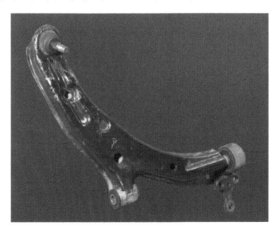

1-8 조향기어 박스

작업 전 파워스티어링 액을 배출하고 작업 후 파워스티어링 액을 보충하여 에어빼기 작업 및 휠 장착상태를 점검하고 프론트 휠 얼라인먼트를 조정하는 작업까지가 원안이며 시험장의 여건에 따라 작업의 범위는 달라질 수 있다. 본 작업에서는 조향기어 박스의 탈거를 위주로 설명한다.

① 조인트 어셈블리와 기어박스간 위치에 마킹 후 연결 볼트를 탈거한다.

② 차량을 리프팅하고 분할핀을 탈거하고 타이로드와 너클 연결부를 탈거한다.

③ 밴드를 탈거하고 리턴 튜브 연결부를 탈거한다.

④ 클램프를 탈거한 후 조향기어 박스 어셈블리를 탈거하여 감독위원에게 확인받은 후 분해 역순으로 조립한다.

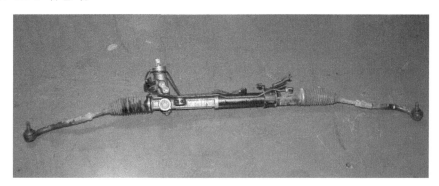

1-9 쇽업소버 코일 스프링

쇽업소버 코일 스프링의 탈부착 작업에 있어 가장 중요한 것은 안전수칙을 준수하는 것이다. 압축되어 있는 쇽업소버의 코일 스프링을 탈착하는 과정에서 사소한 실수로 인하여 스프링이 튀어나가 수검자 본인은 물론 다른 수검자들에게도 중대한 위험을 줄 수 있으므로 사전에 충분한 연습을 통하여 안전수칙과 작업방법을 숙지하여야 한다.

① 자동차를 리프트로 상승시킨 후 바퀴를 탈거한다.

② 스트럿 어셈블리에서 브레이크 호스 고정 클립 (A)와 조향너클 암을 연결하는 로워 마운 팅 볼트 및 너트(B)를 탈거한다.

③ 프런트 스트럿 어셈블리 어퍼 체결 너트 (A)를 분리한다.

④ 스트럿 어셈블리를 차체에서 탈거하여 쇽업소버 탈착기에 장착한다.

⑤ 쇽업소버 스프링을 압축하기전에 안전고리를 걸어 안전에 유의한다.

⑥ 스프링이 어느 한 쪽으로 치우치지 않게 쇽업소버 탈착기의 높낮이 조절을 하여 스프링을 압축하고 고정 너트를 분리한다.

⑦ 스트럿 어셈블리에서 인슐레이터, 스트럿 베어링, 더스트 커버 등을 분리한다.

⑧ 스프링을 탈거하여 감독위원에게 확인받은 후 분해 역순으로 조립하여 자동차에 장착한다.

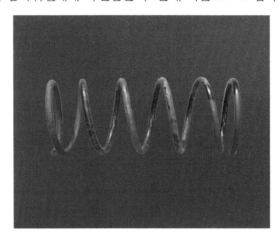

1-10 등속 죠인트 탈거 및 부트교환

차량에서 등속을 탈거하여 부트를 교환하는 것을 원안으로 하며, 실제 부트를 신품으로 교환하지는 않고 부트를 탈거하여 감독위원에게 확인받은 후 조립하여 차량에 부착하는 작업형이다.

① 자동차를 리프트로 상승시킨 후 프런트 휠과 타이어를 허브에서 탈거하고 코킹 너트(A)를 탈거한다.

② 엔드 볼 고정 너트를 풀고 조인트 풀러를 사용하여 엔드 볼 조인트를 탈거한다.

③ 스트럿 어셈블리 고정 볼트를 탈거하고 로어암의 고정볼트를 풀고 등속을 탈거한다.

④ 탈거된 등속 조인트에서 트랜스미션 쪽 조인트의 양쪽 부트 밴드 (A)를 탈거한다.

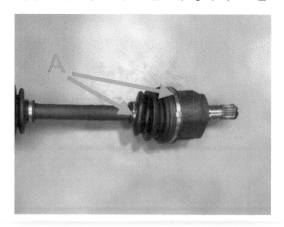

⑤ 등속을 분리할 때 트러니언 어셈브리의 롤러와 외륜, 스플라인부에 표시를 하여 조립 시 위치가 바뀌지 않도록 하고, 스파이더 어셈블리를 탈거하고 부트를 탈거하여 감독위원에 게 확인을 받은 후 분해 역순으로 조립한다.

ABS 모듈

작업 전 배터리 (−)단자를 탈거하고 브레이크 액의 누유에 의해 차량에 묻지 않도록 걸레 등
으로 모듈 하단부위에 두르고 작업이 완료된 후에는 브레이크 액을 보충하고 에어빼기를 하여
정상 작동되는지의 여부를 확인하여야 하는 항목으로 시험장의 여건에 따라 작업의 범위는
달라질 수 있다.

① ABS 모듈의 하니스 커넥터 및 브레이크 튜브를 탈거한다.

② 탈거한 ABS 모듈을 감독위원에게 확인받은 후 분해의 역순으로 조립한다.

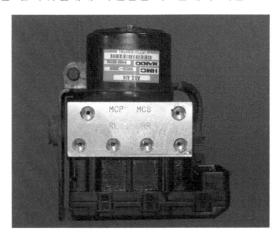

02 측정

섀시 작업형에서 측정 항목은 6개이며 각 안별로 중복되어 적용되어 있다.

2-1 사이드 슬립 측정

⑴ 사이드 슬립 측정 전 차량 준비사항

① 타이어 공기 압력을 점검하여 규정 압력인지 확인한다.

② 전륜의 중심부를 가래지 작기로 차량을 상승시킨 후 좌, 우 각각의 바퀴를 좌우로 흔들어 엔드볼 및 링키지 마모여부를 확인한다.

③ 차량을 내리고 보닛을 위, 아래로 눌러 현가 스프링의 상태를 점검한다.

⑵ 사이드 슬립 측정방법

① 자동차는 공차 상태에서 운전자 1인이 승차한 상태로 측정한다.

② 사이드 슬립 테스터기의 중앙부에 슬립 고정 장치를 해제한다.

③ 측정장비 화면에서 사이드 슬립 광전 S/W를 선택한다.

④ 사이드 슬립을 선택하고 0.0m/km 여부를 확인한다. 틀어진 경우 영점 조정 후 측정한다.

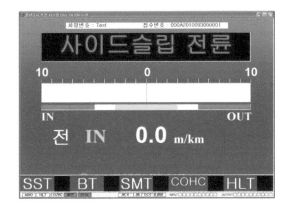

⑤ 자동차를 사이드 슬립 측정기와 정면으로 대칭시킨다.

⑥ 기로 차량을 5km/h의 속도로 진입시킨다.

⑦ 조향핸들에서 손을 떼고 전륜 타이어가 사이드 슬립 테스터기의 답판을 통과할 때 사이드 슬립 테스터기의 계기판의 눈금을 읽는다.

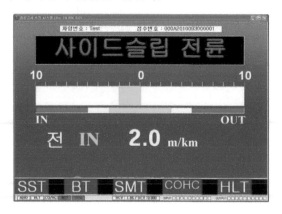

⑧ 옆 미끄러짐 양의 측정은 자동차가 1km 주행할 때의 사이드 슬립량을 측정하는 것으로 한다.

⑨ 조향바퀴의 사이드 슬립은 1km 주행할 때 좌우로 각각 5m이내여야 한다.

(3) 답안지 작성방법

① 규정값은 검사 항목으로 암기하여 기록한다.

② 단위는 기본적으로 MKS 단위를 사용한다.

③ 규정값과 측정값을 판독하여 판정란에 ☑체크를 하고 정비 및 조치할 사항을 작성한다.

판정	측정값		정비 및 조치할 사항 작성 예
☑양호	규정값 이내		정비 및 조치사항 없음
☑불량	사이드슬립	규정값 이외	토우 조정 후 재점검

(4) 답안지

답안지는 사이드 슬립 측정과 타이어 점검이 같이 있으나 분리하여 설명한다.

⇒ 섀시1측정_사이드 슬립 측정_공란

항 목	① 측정(또는 점검)		② 판정 및 정비(또는 조치)사항	
	측 정 값	규정 값 (정비한계 값)	판정 (□에 "√"표)	정비 및 조치할 사항
사이드 슬립 양			□양 호 □불 량	

(5) 답안지 작성

⇒ 섀시1측정_사이드 슬립 측정_불량시 작성 예

항 목	① 측정(또는 점검)		② 판정 및 정비(또는 조치)사항	
	측 정 값	규정 값 (정비한계 값)	판정 (□에 "√"표)	정비 및 조치할 사항
사이드 슬립 양	IN 5.6m/km	IN, OUT 5m/km이내	□양 호 ☑불 량	토우 조정 후 재점검

2-2 타이어 점검

타이어의 옆면에는 생산년도와 생산 주, 타이어의 구조, 최대하중, 최고속도, 마일리지, 온도 특성 등 타이어와 관련된 많은 정보들을 표시하고 있다. 그 중에서 타이어의 제작시기와 타이어 트레드 깊이를 측정하여 타이어의 마모량을 측정하고 타이어의 최대 하중을 점검하는 항목이다.

(1) 타이어의 생산주기 점검

타이어의 옆면에 4자리 숫자로 구성되어져 있으며 1년을 52주로 하여 앞의 두 자리는 생산된 주를 의미하고 뒤 두 자리는 생산년도를 의미한다. 따라서 사진의 타이어는 2019년 08주에 생산된 타이어이다.

(2) 타이어 마모량 측정

타이어의 옆면에 △표시 또는 TWI로 표시되어 있는 부위의 트레드부의 깊이를 측정한다.

(3) 타이어 최대하중 점검

타이어의 옆면에 대표적인 타이어의 규격인 타이어 단면 너비, 타이어 편평비, 휠 지름, 하중지수, 속도지수가 표기되며 사진의 108이 하중지수이고 H가 속도지수이다.

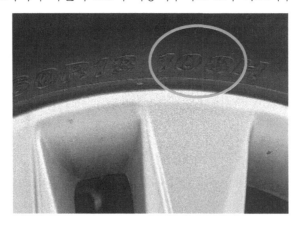

(4) 답안지 작성방법

① 규정값은 일반적인 상태에서 1.6mm를 기준으로 하고 있다.

② 단위는 기본적으로 MKS 단위를 사용한다.

③ 규정값과 측정값을 판독하여 판정란에 ☑체크를 하고 정비 및 조치할 사항을 작성한다.

④ 타이어 최대하중 작성시 속도기호를 같이 작성하면 오답 처리되며 타이어 옆면에 MAX. ROAD XXXX kg으로 표기된 값이 있으며, 감독위원의 지시에 따라 이 값을 작성하기도 한다.

판정	측정값		정비 및 조치할 사항 작성 예
☑양호	규정값 이상		정비 및 조치사항 없음
☑불량	타이어점검	규정값 이하	타이어 교환

(5) 답안지

■ 섀시_측정_타이어 점검_공란

항 목	① 측정(또는 점검)				② 판정 및 정비(또는 조치)사항	
	측 정 값			규정 값 (정비한계 값)	판정 (□에 "√"표)	정비 및 조치할 사항
타이어 점검	타이어 제작시기	트레드깊이	타이어최대 하중	트래드 깊이	□양 호 □불 량	

(6) 답안지 작성

■ 섀시_측정_타이어 점검_작성 예

항 목	① 측정(또는 점검)				② 판정 및 정비(또는 조치)사항	
	측 정 값			규정 값 (정비한계 값)	판정 (□에 "√"표)	정비 및 조치할 사항
타이어 점검	타이어 제작시기 2019년 8주	트레드깊이 3.8mm	타이어최대 하중 108 (1000kg)	트래드 깊이 1.6mm이상	☑양 호 □불 량	정비 및 조치사항 없음

2-3 제동력 측정

감독위원이 제시하는 축중에 대한 제동력을 측정하며, 전 축중과 후 축중에 대한 검사 기준을
암기하여 답안지를 작성한다.

⑴ 제동력 측정

① 측정장비 화면에서 브레이크 광전 S/W를 선택한다.

② 메시지에 따라 시험 차량을 제동력 측정기로 진입한다.

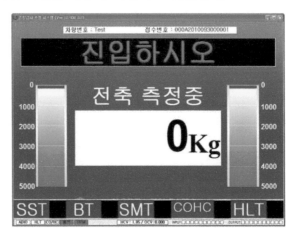

③ 진입이 완료되면 자동으로 축중을 측정한다.

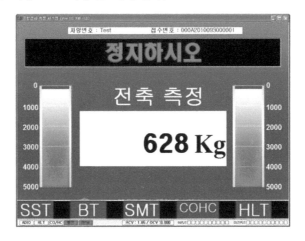

④ 축중 측정이 완료되면 리프트가 하강되며, 롤러가 구동이 되면 브레이크 페달을 힘껏 밟아 제동력을 측정한다.

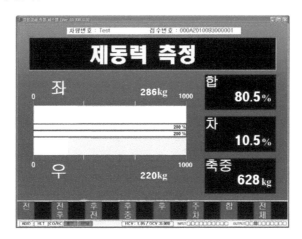

※ 측정이 완료되면 화면에는 정상적으로 제동력의 합과 편차에 대한 판정값이 표출되나 시험의 특성상 판정값에 대한 화면이 보이지 않도록 가려둔다.

(2) 답안지 작성방법

① 규정값은 검사 항목으로 암기하여 기록한다.

② 단위는 기본적으로 MKS 단위를 사용한다.

③ 항목에 해당되는 축중에 ☑체크를 하고, 좌측과 우측의 측정값을 판독하여 기록한다.

④ 산출근거 작성시 측정값을 대입하여 계산하여 기록하고, 판정란에 ☑체크를 한다.

제동력 판정공식

- 앞바퀴 제동력의 합 $= \dfrac{\text{좌 제동력} + \text{우 제동력}}{\text{전 축중}} \times 100 = 50\%$ 이상

- 뒷바퀴 제동력의 합 $= \dfrac{\text{좌 제동력} + \text{우 제동력}}{\text{후 축중}} \times 100 = 20\%$ 이상

- 좌 우 제동력의 편차 $= \dfrac{\text{큰 쪽 제동력} - \text{작은 쪽 제동력}}{\text{해당 축중}} \times 100 = 8\%$ 이하

(3) 답안지

섀시_측정_제동력 점검_공란

항 목	① 측정(또는 점검)				② 산출근거 및 판정		
	구분	측정값	기준값(%)		산출근거		판정 (□에 "√"표)
제동력 □앞 □뒤 (□에 "√"표)	좌		□앞	축중의	편차		□양 호
			□뒤				
	우		제동력 편차		합		□불 량
			제동력 합				

(4) 답안지 작성

섀시_측정_제동력 점검_작성 예

항 목	① 측정(또는 점검)				② 산출근거 및 판정		판정 (□에 "√"표)
	구분	측정값	기준값(%)		산출근거		
제동력 □앞 □뒤 (□에 "√"표)	좌	319kgf	□앞	축중의	편차	$\dfrac{355-319}{950}\times100=3.7\%$	☑양 호
			□뒤				
	우	355kgf	제동력 편차	8% 이내	합	$\dfrac{355+319}{950}\times100=70.9\%$	□불 량
			제동력 합	50% 이상			

2-4 최소회전반경 측정

자동차의 회전반경은 바깥쪽 앞바퀴 자국의 중심선을 따라 측정할 때에 12M를 초과하면 안된다로 정의되어 있다.

측정방법은 주행시 측정하는 것으로 다음과 같으나 자격시험에서는 실 주행으로 측정하는 것이 곤란하므로 정지상태에서 측정한다.

주행시 최소회전반경 측정 조건

① 공차상태로서 측정 전 충분한 길들이기 운전을 하여야 한다.
② 측정 전 조향륜 정렬을 점검하여야 한다.
③ 측정 장소로는 평탄하고 수평하며 건조한 포장도로에서 측정하여야 한다.

주행시 최소회전반경 측정방법

① 변속기어를 전진 최하단에 두고 최대 조향각도로 서행하며, 바깥쪽 타이어의 접지면 중심점이 이루는 궤적의 직격을 우회전 및 좌회전시켜 측정한다.
② 측정 중에 타이어가 노면에 대한 미끄러짐 상태와 조향장치의 상태를 점검한다.
③ 좌회전 및 우회전에서 구한 반경 중 큰 값을 당해 자동차의 최소회전반경으로 하고, 성능기준에 적합한지 확인한다.

(1) 최소회전반경 측정 방법

① 자동차의 앞바퀴를 잭 등으로 들고 회전반경 게이지의 중심에 오도록 타이어를 안착시킨다. 이때 자동차의 수평상태가 되도록 뒷바퀴에도 높이가 같은 회전반경 게이지를 고인다.

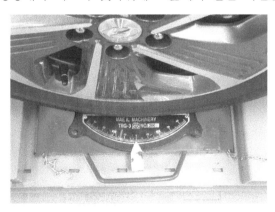

② 앞바퀴를 직진상태가 되도록 정렬하고 자동차 보닛 부분을 2~3회 눌러 회전반경 게이지 와 차량의 타이어가 제자리를 잡을 수 있도록 한다.

③ 앞바퀴와 뒷바퀴의 축간거리를 측정한다.

④ 회전반경 게이지의 고정 핀을 빼고 감독위원이 제시한 방향으로 조향핸들을 최대한 회전 시킨 후 양쪽의 회전각도를 판독한다.

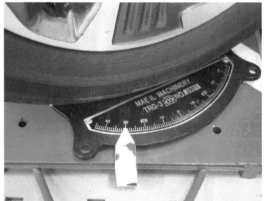

(2) 답안지 작성방법

① 규정값은 검사 항목으로 암기하여 기록하며 단위는 기본적으로 MKS 단위를 사용한다.

② 축각거리는 감독위원이 제시하거나 직접 측정한다.

③ 회전방향에 ☑체크를 하고, 좌측과 우측의 최대 조향각의 측정값을 판독하여 기록한다.

④ r 값은 감독위원이 제시한 값으로 대입하여 계산한다.

⑤ 산출근거 작성 시 측정값을 대입하여 계산하여 기록하고, 판정란에 ☑체크를 한다.

- 최소회전 반경 $(R) = \dfrac{축간거리(L)}{Sin^\circ} + r = 12M$이내

　이때, Sin° : 회전하고자 하는 방향의 바깥쪽 바퀴의 각도(°)
　　　　축간거리(L) : 앞바퀴가 똑바로 정렬된 상태에서의 축간거리(M)
　　　　r값 : 바퀴 접지면 중심과 킹핀 중심과의 거리(cm)

(3) 답안지

☞ 섀시_측정_공란

항 목	① 측정(또는 점검)			② 판정 및 정비 (또는 조치)사항	
	최대조향각 (□에 "√"표)	기준값 (최소회전반경)	측정값 (최소회전반경)	산출근거	판정 (□에 "√"표)
회전방향 (□에 "√"표) ☑ 좌 □ 우	좌측바퀴 조향각:	우측바퀴 조향각:			□양 호 □불 량

(4) 답안지 작성

☞ 섀시_측정_작성 예

항 목	① 측정(또는 점검)			② 판정 및 정비 (또는 조치)사항	
	최대조향각 (□에 "√"표)	기준값 (최소회전반경)	측정값 (최소회전반경)	산출근거	판정 (□에 "√"표)
회전방향 (□에 "√"표) ☑ 좌 □ 우	좌측바퀴 조향각: 36°	우측바퀴 조향각: 30°	12m이내	5.2m	$\dfrac{2.5}{0.5} + 0.2 = 5.2m$	☑양 호 □불 량

2-5 파워스티어링 펌프 압력 및 핸들 유격 측정

유압식 파워스티어링 펌프의 작동 최대압력을 측정하고 핸들의 유격을 측정하는 안으로 수검자가 파워오일 압력게이지를 직접 설치하여 측정하고 원래의 상태로 복원시킨 후의 정상적인 상태가 되도록 조치하여야 하므로 설치 및 복원 시 동와샤가 누락되지 않도록 주의하여야 한다.

⑴ **오일펌프 배출압력 측정방법**

① 차량의 시동이 OFF된 상태에서 벨트의 장력과 오일라인의 누유여부를 확인한다.

② 오일펌프에서 고압 호스(아래쪽)를 분리하고 오일압력 게이지를 설치한다.

③ 오일압력 게이지의 밸브를 열고 차량의 시동을 건다.

④ 공회전 상태에서 오일압력 게이지를 약 3~5초 이내로 닫고 이때의 최고 압력을 판독하고 밸브를 다시 열어준다.

⑤ 차량의 시동을 OFF하고 오일압력 게이지를 탈거하여 원래의 상태로 호스를 체결한다.

⑥ 오일펌프의 리저브 탱크를 확인하여 파워스티어링 액을 보충 후 시동을 걸어 에어빼기 및 누유 여부를 확인한다.

(2) 핸들 유격 측정방법

① 차량의 핸들을 정위치로 하고 바퀴를 직진방향으로 정렬한다.

② 핸들의 지름을 측정한다.

③ 측정자를 핸들부에 위치시키고 핸들을 좌우로 회전시켜 바퀴가 움직이기 전까지의 거리를 측정하고 판독한다.

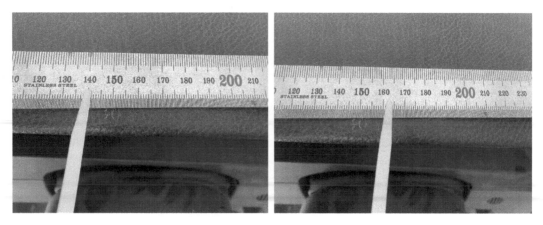

(3) 답안지 작성방법

① 규정값은 정비지침서 또는 감독위원이 제시한 값을 기록한다.

② 단위는 기본적으로 SI 또는 MKS를 사용하며, 감독위원이 제시한 규정값의 단위를 사용한다.

③ 규정값과 측정값을 판독하여 판정란에 ☑체크를 하고 정비 및 조치할 사항을 작성한다.

판정	측정값		정비 및 조치할 사항 작성 예
☑양호	규정값 이내		정비 및 조치사항 없음
☑불량	오일펌프 배출압력	규정값 이외	오일펌프 교환 후 재점검
		규정값 보다 낮은 경우	오일펌프 벨트 장력 조정 후 교환 후 재점검
	핸들 유격	규정값 이외	요크 플러그로 조정 후 재점검

(4) 답안지

❝ 섀시_측정_파워스티어링 펌프 압력 및 조향 핸들 유격 측정_공란

항 목	① 측정(또는 점검)		② 판정 및 정비(또는 조치)사항	
	측 정 값	규 정 값 (정비한계 값)	판정 (□에 "√"표)	정비 및 조치할 사항
파워스티어링 펌프 압력			□양 호 □불 량	
핸들 유격			□양 호 □불 량	

(5) 답안지 작성

☞ 섀시_측정_파워스티어링 펌프 압력 및 조향 핸들 유격 측정_불량 시 작성 예

항 목	① 측정(또는 점검)		② 판정 및 정비(또는 조치)사항	
	측 정 값	규 정 값 (정비한계 값)	판정 (□에 "√"표)	정비 및 조치할 사항
파워스티어링 펌프 압력	8.2MPa	7.5~8.5MPa	☑양 호 □불 량	정비 및 조치사항 없음
핸들 유격	30mm	조향핸들 지름의 12.5% 이내 (27.5mm이내)	□양 호 ☑불 량	오크 플러그로 조정 후 재점검

Section 02 섀시

2-6　변속기 오일 온도센서 저항 및 인히비터 스위치 측정

변속기 오일 온도센서에 대한 저항 측정은 센서 단품으로 진행하며 A/T 솔레노이드 밸브 커넥터를 탈거하고 오일 온도 센서 단자에서 멀티미터를 이용하여 저항을 측정한다.

인히비터 스위치 점검에서는 감독위원이 제시한 변속단에서 기준 단자를 중심으로 해당 레인지별 통전여부를 확인한다.

(1) 변속기 오일 온도센서 저항 측정방법

① 주어진 변속기에서 회로도를 이용하여 변속기 오일 온도센서의 단자를 판독하여 멀티미터를 저항위치에 놓고 저항을 측정한다. 이때, 측정 프로브에 손이 직접 닿지 않도록 주의한다.

(2) 인히비터 스위치 점검방법

① 주어진 변속기에서 감독위원이 제시한 조건에 따라 회로도를 보고 인히비터 스위치 단자를 판독한다.

② 멀티미터를 통전모드에 위치시키고 감독위원이 제시한 조건으로 각각의 변속단에서 인히비터 스위치를 돌려 회로의 통전여부를 점검하여 양부를 판정한다.

 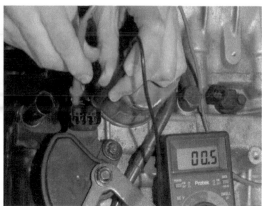

(3) 답안지 작성방법

① 규정값은 감독위원이 제시한 값 또는 정비지침서를 판독하여 기록한다.

② 단위는 기본적으로 MKS 단위를 사용한다.

③ 규정값과 측정값을 판독하여 판정란에 ☑체크를 하고 정비 및 조치할 사항을 작성한다.

판정	측정값		정비 및 조치할 사항 작성 예
☑양호	오일 온도센서 저항값이 규정값 이내일 경우		정비 및 조치사항 없음
	제시한 변속단의 레인지에서 통전이 되는 경우		
☑불량	오일 온도센서	O.L 또는 규정값 이외	변속기 오일 온도센서 교환 후 재점검
	인히비터 스위치	통전이 안되는 경우(O.L)	인히비터 스위치 교환 후 재점검

(4) 답안지

🔹 섀시점검_변속기 오일 온도 센서 저항 및 인히비터 스위치 점검_공란

항 목	① 측정(또는 점검)		② 판정 및 정비(또는 조치)사항	
	측 정 값	규정 값 (정비한계 값)	판정 (□에 "√"표)	정비 및 조치할 사항
변속기 오일 온도 센서 저항			□양 호 □불 량	
인히비터 스위치 점검	통전단자	통전단자		

(5) 답안지 작성

🔹 섀시점검_변속기 오일 온도 센서 저항 및 인히비터 스위치 점검_작성 예

항 목	① 측정(또는 점검)		② 판정 및 정비(또는 조치)사항	
	측 정 값	규정 값 (정비한계 값)	판정 (□에 "√"표)	정비 및 조치할 사항
변속기 오일 온도 센서 저항	7.6kΩ	7.5~8.5kΩ	□양 호 ☑불 량	인히비터 스위치 교환 후 재점검
인히비터 스위치 점검	통전단자 변속:(P)→(R) P:3-8,단선 R:단선	통전단자 변속:(P)→(R) P:3-8,9-10 R:7-8		

03 | 파형

> 섀시 작업형에서 파형 항목은 5개이며 각 안별로 중복되어 적용되어 있다.

3-1 MDPS 파형

MDPS(Motor Driven Power Steering)는 조향핸들의 조작력을 모터를 통하여 구동함으로 파워스티어링 액과 이와 관련한 기구들에 대한 부품수의 감소로 조립성과 경량화가 가능하여 연비향상은 물론 운전조건에 따라 최적화된 제어를 통하여 고속 주행안정성 및 조향 성능이 향상된다.

MDPS 파형에 있어 분석은 작동 전압과 작동 시 최소 전류 및 최대 전류이다.

(1) MDPS 파형 측정방법

- 측정장비 : GDS

- 채널설정 : A 채널. (+)프로브 : MDPS 전원선 (−)프로브 : MDPS 접지선 또는 배터리 (−)
  단자 대전류 프로브 : 100A 전원선(설치 전 반드시 영점조정을 한다.)

- 환경설정 : A 채널 : UNI. DC. 일반. 수동. 전압 : 20V. 시간축 : 150ms (사양에 따라 상이함)
  대전류 : UNI. DC. 일반. 수동. 전류 : 100A.

| 시간 설정 | ◀ | **150ms** | ▶ |

A 채 널	◀	**20V**	▶
	BI	피크	
	AC	자동	

대 전 류	◀	**100A**	▶
	BI	피크	
	AC	자동	

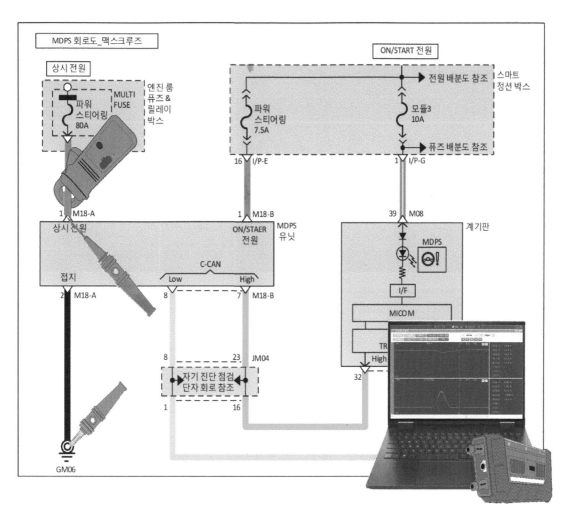

MDPS 회로도_맥스크루즈

상시전원

파워
스티어링
80A

MULTI
FUSE

엔진 룸
퓨즈 &
릴레이
박스

ON/START 전원

전원 배분도 참조

스마트
정선 박스

파워
스티어링
7.5A

모듈3
10A

퓨즈 배분도 참조

16 I/P-E

1 I/P-G

1 M18-A

상시전원

접지

1 M18-B

ON/STAER
전원

C-CAN

Low   High

2 M18-A   8   7 M18-B

MDPS
유닛

39 M08

MDPS

I/F

MICOM

TR
High

32

계기판

8   23 JM04

자기 진단 점검
단자 회로 참조

1   16

GM06

02 섀시 133

(2) MDPS 파형 분석

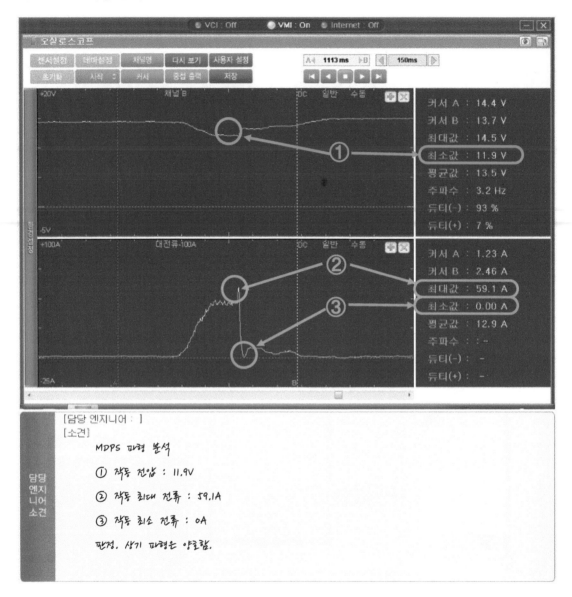

```
[담당 엔지니어 : ]
[소견]
        MDPS 파형 분석
        ① 작동 전압 : 11.9V
        ② 작동 최대 전류 : 59.1A
        ③ 작동 최소 전류 : 0A
        판정. 상기 파형은 양호함.
```

상기 파형은 스티어링 휠을 좌측으로 최대한 회전시킨 상태에서 살짝 우측으로 돌려놓고 순간
적으로 좌측으로 끝까지 돌렸을 때의 파형이며 아래의 파형은 바퀴를 중립상태로 두고 순간적
으로 스티어링 휠을 돌렸을 때의 파형이다.

감독위원의 제시에 따라 좌측 또는 우측이나 중간에서 측정할 수 있다.

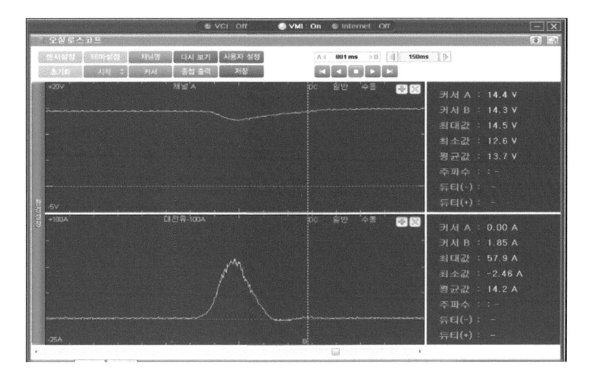

(3) 답안지

☞ 섀시_파형_MDPS 모터 전류 파형 출력 및 분석_공란

항 목	① 파형분석 및 판정		
	분석항목	분석내용	판정 (□에 "√"표)
MDPS 모터 전류 파형	작동 전압		□양 호 □불 량
	작동 최소 전류		
	작동 최대 전류		

(4) 답안지 작성

☞ 섀시_파형_MDPS 모터 전류 파형 출력 및 분석_작성 예

항 목	① 파형분석 및 판정		
	분석항목	분석내용	판정 (□에 "√"표)
MDPS 모터 전류 파형	작동 전압	11.9V	☑양 호 □불 량
	작동 최소 전류	0A	작동 전압 및 측정값이 정상 범위에 있으므로 양호함
	작동 최대 전류	59.1A	

3-2 ABS 파형

ABS 파형은 대부분 인덕티브 타입에서 측정을 하며, 이는 차량의 시동을 걸지 않고 차량을 리프팅한 후 바퀴를 손으로 회전시키면서 감독위원이 제시한 범위의 주파수에서 측정하면 된다.

대부분은 30~40Hz를 요구하며 이는 측정하기가 가장 용이한 주파수 범위이다.

⑴ ABS 파형 측정방법

• 측정장비 : GDS

• 채널설정 : A 채널. 인덕티브 타입으로 두 선에 각각 연결하거나 (+)프로브를 출력선, (-)프로브를 배터리(-)단자에 연결하여도 측정이 가능하다.

• 환경설정 : A 채널 : BI. DC. 일반. 수동. 전압 : 2V. 시간축 : 20ms (센서에 따라 상이함)

시간 설정

20ms

A 채널

2V

UNI 피크

AC 자동

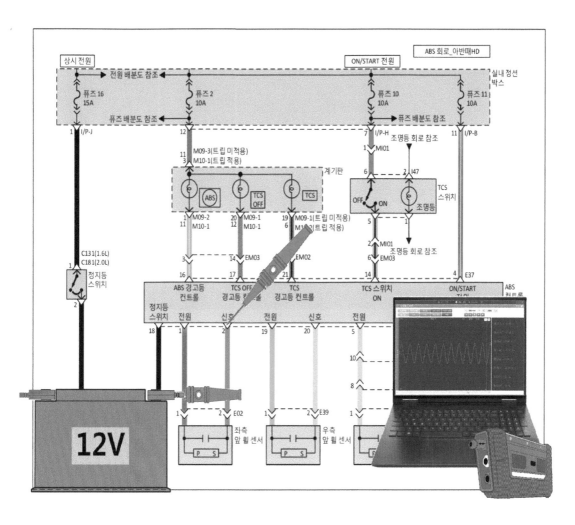

(2) ABS 파형 분석

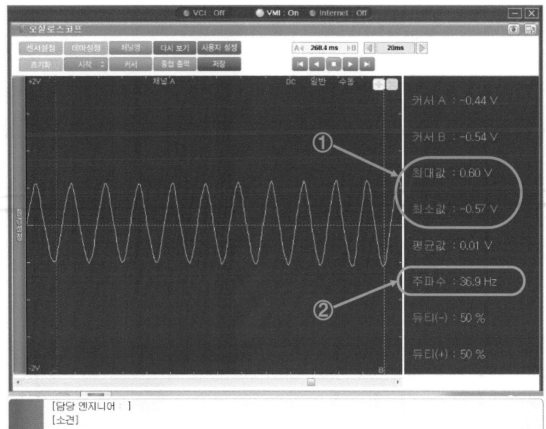

[담당 엔지니어 :]
[소견]

ABS 파형분석

커서 A와 B사이의 최대값과 최소값, 주파수로 파형을 분석함.

① 전압(P-P) : 0.60-(-)0.57= 1.17V

② 주파수 : 36.9Hz

판정. 상기 파형은 양호함.

담당
엔지
니어
소견

(3) 답안지

☞ 섀시_파형_ABS 휠스피드센서 파형_공란

항 목	① 파형분석 및 판정		
	분석항목	분석내용	판정 (□에 "√"표)
ABS 휠스피드 센서 파형	주파수		□양 호 □불 량
	전압(Peak to Peak)		
	파형상태(양호/불량)		

(4) 답안지 작성

☞ 섀시_파형_ABS 휠스피드센서 파형_공란

항 목	① 파형분석 및 판정		
	분석항목	분석내용	판정 (□에 "√"표)
ABS 휠스피드 센서 파형	주파수	36.9Hz	주파수 및 측정값이 정상 범위에 있으므로 양호함	☑양 호 □불 량
	전압(Peak to Peak)	1.17V		
	파형상태(양호/불량)	양호		

3-3 자동변속기 입(출)력 센서 파형

자동변속기의 입력축 속도센서 또는 출력축 속도센서 중 감독위원이 제시하는 센서를 파형으로 측정하여 출력하고 분석하는 항목이다.

(1) 자동변속기 입(출)력 센서 파형 측정방법

- 측정장비 : GDS
- 채널설정 : A 채널. (+)프로브 : 입(출)력센서 제어선 (−)프로브 : 입(출)력센서 접지선
- 환경설정 : UNI. DC. 일반. 수동. 전압 : 8V. 시간축 : 500us (차종에 따라 상이함)

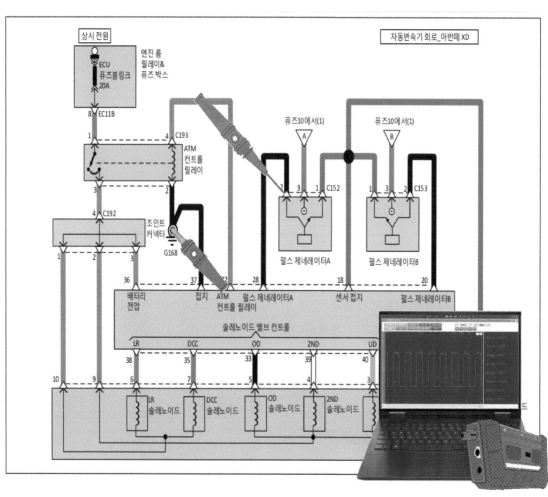

(2) 자동변속기 입(출)력 센서 파형 분석방법

답안지 분석에 주파수, 전압, 듀티로 전압의 경우 Peak to Peak로 최대값 – 최소값을 작성하여야 하므로 주의하여야 한다. 듀티는 작동구간인 (–) 듀티를 작성한다.

다음의 파형을 보면 상단부에 잡음이 있고 잡음을 포함한 최대값이 5.40V임을 알 수 있다. 최소값은 잡음을 포함하여 0.31V이다. 따라서 본 교재에서는 잡음을 무시하고 커서 A값인 5.05V와 커서 B값인 0.36V로 판독한다.

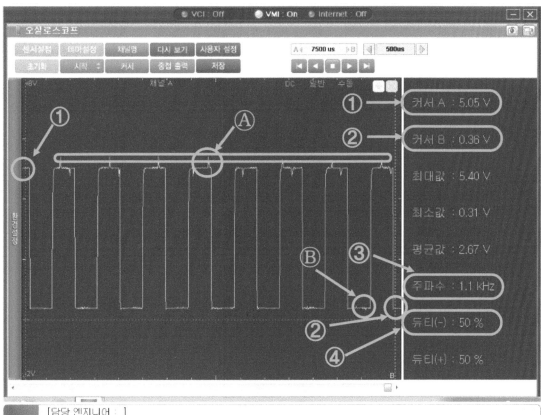

(3) 답안지

" 섀시_파형_자동변속기 입(출)력 센서 파형_공란

항 목	① 파형분석 및 판정			
	분석항목		분석내용	판정 (□에 "√"표)
자동변속기 입(출)력 센서 파형	주파수			□양 호 □불 량
	전압(Peak to Peak)			
	듀티			

(4) 답안지 작성방법

" 섀시_파형_자동변속기 입(출)력 센서 파형_작성 예

항 목	① 파형분석 및 판정			
	분석항목		분석내용	판정 (□에 "√"표)
자동변속기 입(출)력 센서 파형	주파수	1.1kHz	작동 전압 및 측정값이 정상 범위에 있으므로 양호함	☑양 호 □불 량
	전압(Peak to Peak)	4.69V		
	듀티	(-)50%		

3-4 변속레버(N → D)변환 시 유압제어 솔레노이드 파형

일반적으로 변속레버 N에서 D로 변환시의 작동파형을 요구하며, 이는 감독위원의 요구에 따라 다른 레인지로의 변환도 가능함을 염두 해두어야 한다.

HI-DS의 경우 일반적으로 D와 UD 솔레노이드 밸브, L/R 솔레노이드 밸브의 3개 채널을 사용하여 파형을 측정하며, GDS의 경우 D와 UD 솔레노이드 밸브 또는 L/R 솔레노이드 밸브와 UD솔레노이드 밸브로 2개 채널을 사용하여 파형을 측정한다.

N레인지에서 D레인지로 변환시의 작동요소는 L/R 솔레노이드 밸브와 UD 솔레노이드 밸브이다.

(1) 변속레버 변환시 유압제어 솔레노이드 밸브 파형 측정방법

- 측정장비 : GDS

- 채널설정 : A 채널. (+)프로브 : L/R 솔레노이드 밸브 제어선 (−)프로브 : 배터리 (−)단자
  B 채널. (+)프로브 : UD 솔레노이드 밸브 제어선 (−)프로브 : 배터리 (−)단자

- 환경설정 : A 채널 : UNI. DC. 일반. 수동. 전압 : 20V. 시간축 : 5ms
  B 채널 : UNI. DC. 피크. 수동. 전압 : 80V. 시간축 : 5ms(사양에 따라 상이함)

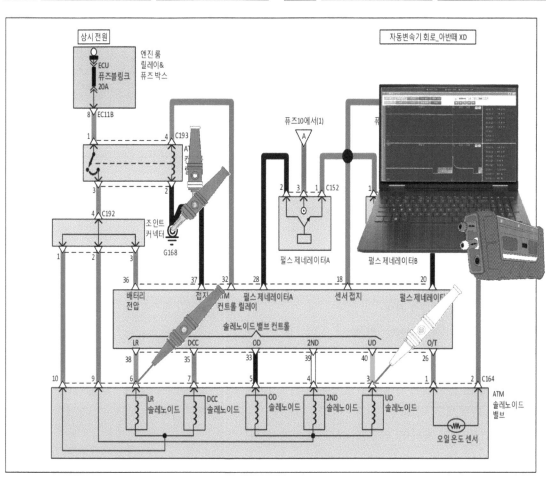

(2) 변속레버 변환시 유압제어 솔레노이드 밸브 파형 분석

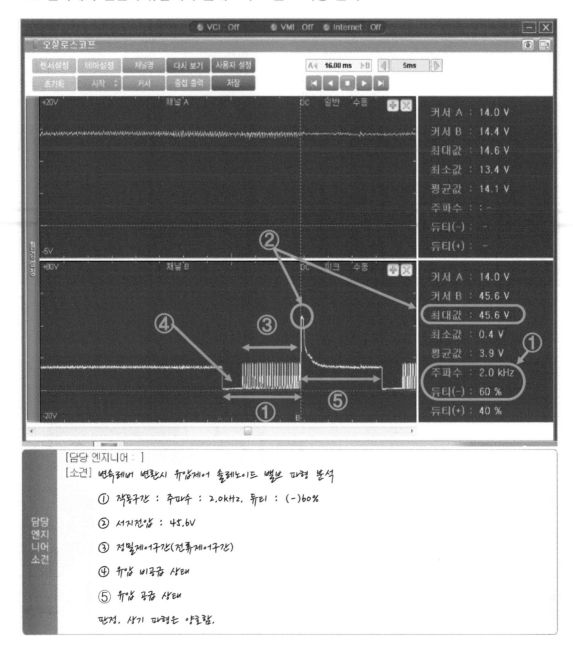

[담당 엔지니어 :]
[소견] 변속레버 변환시 유압제어 솔레노이드 밸브 파형 분석

① 작동구간 : 주파수 : 2.0kHz, 듀티 : (-)60%

② 서지전압 : 45.6V

③ 정밀제어구간(전류제어구간)

④ 유압 비공급 상태

⑤ 유압 공급 상태

판정. 상기 파형은 양호함.

상기 파형은 변속레버 N에서 D로 전환중의 L/R 솔레노이드 밸브 파형과 UD 솔레노이드 밸브
의 작동 파형으로 커서의 위치에 따라 UD 솔레노이드 밸브의 주파수, 듀티가 측정이 되지 않
을 수 있으므로 커서의 위치를 염두 하여야 한다.

(3) 답안지

☞ 섀시_파형_레인지 변환(N→D) 유압제어솔레노이드 밸브 파형_공란

항 목	① 파형분석 및 판정			
	분석항목	분석내용	판정 (□에 "√"표)	
레인지변환 시 ( )유압제어솔레노이드파형	주파수		□양 호 □불 량	
	서지 전압			
	듀티			

(4) 답안지 작성

☞ 섀시_파형_레인지 변환(N→D) 유압제어솔레노이드 밸브 파형_공란

항 목	① 파형분석 및 판정			
	분석항목	분석내용	판정 (□에 "√"표)	
레인지변환 시 (N→D)유압제어솔레노이드파형	주파수	2.0Hz	주파수 및 측정값이 정상 범위에 있으므로 양호함	☑양 호 □불 량
	서지 전압	45.6V		
	듀티	(-)60%		

3-5 EPS 솔레노이드 파형

EPS는 차량의 속도센서의 신호를 입력받은 EPS 모듈에서 솔레노이드 밸브의 전류를 PWM제어를 하고 EPS 솔레노이드 밸브는 PWM으로 받은 출력 신호에 따라 시스템 내부의 오일 유량을 제어하여 차량의 속도에 따른 스티어링 휠의 조작력을 최적의 상태로 제어한다.

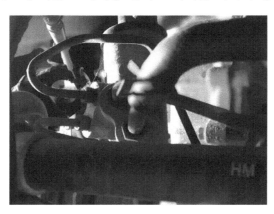

(1) EPS 파형 측정방법

- 측정장비 : GDS
- 채널설정 : A 채널. (+)프로브 : EPS 솔레노이드 밸브 제어선 (−)프로브 : 배터리 (−)단자
  소전류 프로브 : EPS 솔레노이드 밸브 제어선(설치 전 반드시 영점조정을 한다.)
- 환경설정 : A 채널 : UNI. DC. 일반. 수동. 전압 : 20V. 시간축 : 1.5ms (사양에 따라 상이함)
  소전류 : UNI. DC. 일반. 수동. 전류 : 2A.

시간 설정		◀ 1.5ms ▶	
A 채널	◀ 20V ▶	**소 전 류**	◀ 2A ▶
	BI | 피크		BI | 피크
	AC | 자동		AC | 자동

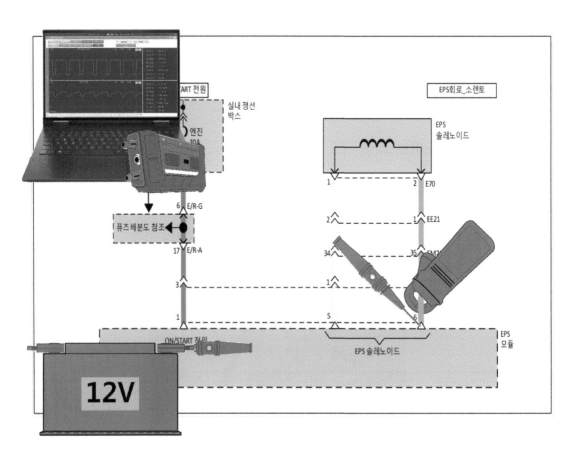

(2) EPS 파형분석

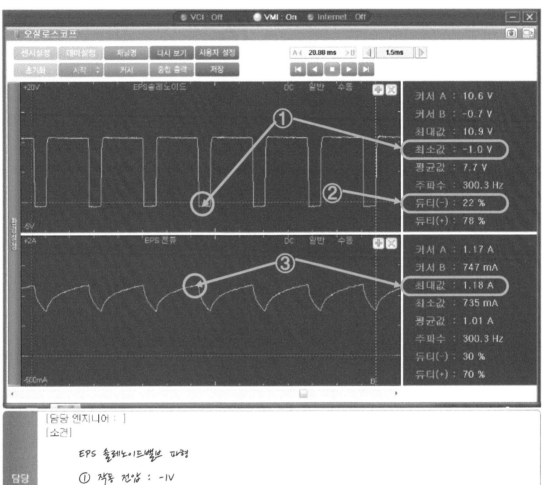

[담당 엔지니어 :]
[소견]

담당
엔지
니어
소견

EPS 솔레노이드밸브 파형

① 작동 전압 : -1V

② 듀티 : (-)22%

③ 작동 전류 : 1.18A

판정. 상기 파형은 양호함.

(3) 답안지

❝ 섀시_파형_EPS 솔레노이드 파형_공란

항 목	① 파형분석 및 판정		
	분석항목	분석내용	판정 (□에 "√"표)
EPS 솔레노이드 파형	작동 전압		□양 호 □불 량
	작동 전류	분석내용을 출력물에 기재	
	듀티		

(4) 답안지 작성

❝ 섀시_파형_EPS 솔레노이드 파형_작성예

항 목	① 파형분석 및 판정		
	분석항목	분석내용	판정 (□에 "√"표)
EPS 솔레노이드 파형	작동 전압	-1.0V	☑양 호 □불 량
	작동 전류	1.18A	분석내용을 출력물에 기재
	듀티	(-)22%	

04 점검 및 측정

4-1 디스크 런 아웃 및 휠 스피드센서 에어 갭 측정

디스크의 런 아웃이 불량하게 되면 주행 중 끌림이나 제동 시 소음, 떨림, 쏠림 등의 현상이
발생한다. 또한 휠 스피드 센서의 에어갭은 각 휠의 회전속도를 검출하여 슬립여부와 일부
차종에서는 타이어 공기압 경보장치(TPMS)로의 역할도 수행한다.

측정은 실차에서 하거나 시뮬레이터 또는 단품을 지그 등에 부착하여 측정하며, 대부분의 시
험장의 경우 측정 포인트 또는 측정 시작점 등이 표시되어 있어 추가적인 표시는 필요하지
않다.

(1) 브레이크 디스크 런 아웃 측정방법

① 자동차를 리프트를 이용하여 상승시키고 휠과 타이어를 탈거한다.

② 다이얼게이지를 설치하고 디스크에 표시되어 있는 부분에 맞추거나 표시가 없는 경우 불
멸 잉크를 이용하여 표시를 하고 영점조정을 한다.

③ 디스크에 표시를 하고 1회전시켜 다이얼게이지의 움직인 총량을 판독한다.

0.06mm

(2) 휠 스피드 센서 에어갭 측정방법

① 자동차를 리프트를 이용하여 상승시키고 휠과 타이어를 탈거한다.

② 휠 스피드 센서의 오염이나 이물질을 확인하여 깨끗이 한다.

③ 시크니스 게이지로 톤 휠과 휠 스프드 센서의 간극을 측정하고 판독한다.

(3) 답안지 작성방법

① 규정값은 정비지침서 또는 감독위원이 제시한 값을 기록한다.

② 단위는 기본적으로 SI 또는 MKS를 사용하며, 감독위원이 제시한 규정값의 단위를 사용한다.

③ 규정값과 측정값을 판독하여 판정란에 ☑체크를 하고 정비 및 조치할 사항을 작성한다.

판정	측정값		정비 및 조치할 사항 작성 예
☑양호	규정값 이내		정비 및 조치사항 없음
☑불량	디스크 런 아웃	규정값 이외	디스크 교환 후 재점검
			디스크 연마 후 재점검
	휠 스피드 센서에어갭	규정값 이외	에어갭 조정 후 재점검
			휠 스피드 센서 교환 후 재점검

(4) 답안지

➡ 섀시_점검 및 측정_브레이크 디스크 런아웃 및 휠 스피드 센서 에어갭 점검_공란

항 목	① 측정(또는 점검)		② 판정 및 정비(또는 조치)사항	
	측 정 값	규정 값 (정비한계 값)	판정 (□에 "√"표)	정비 및 조치할 사항
브레이크 디스크 런아웃			□양 호 □불 량	
스피드 센서 에어갭			□양 호 □불 량	

(5) 답안지 작성

➡ 섀시_점검 및 측정_브레이크 디스크 런아웃 및 휠 스피드 센서 에어갭 점검_불량 시 작성 예

항 목	① 측정(또는 점검)		② 판정 및 정비(또는 조치)사항	
	측 정 값	규정 값 (정비한계 값)	판정 (□에 "√"표)	정비 및 조치할 사항
브레이크 디스크 런아웃	0.11mm	0.08mm이하	□양 호 ☑불 량	브레이크 디스크 교환 후 재점검
스피드 센서 에어갭	0.8mm	0.4~0.6mm	□양 호 ☑불 량	휠 스피드 센서 교환 후 재점검

4-2 변속기 클러치 압력 및 솔레노이드밸브 저항 측정

차량의 속도 및 부하량에 따라 밸브 바디내의 각 솔레노이드 밸브를 제어하여 클러치 류와 브레이크 류를 제어함으로서 차량의 구동력이나 토크 등을 최적화하고 연비향상, 출력성능 등을 향상시켜 변속에 따른 클러치 류의 작동압력과 솔레노이드 밸브의 저항을 측정하는 항목 으로 감독위원의 지시에 따른 요소를 조건에 맞게 설정하여 측정하고 판정한다.

(1) 변속기 클러치 압력 측정방법

① 차량의 시동을 걸고 워밍업을 한다.

② 제시된 정비지침서 또는 기준 유압 사양표를 참조하여 규정값과 작동조건 등을 확인한다.

③ 감독위원의 지시에 따른 요소에 대한 작동조건에 맞도록 변속레버의 위치나 가감속을 하여 해당 압력값을 판독한다.

(2) 솔레노이드 밸브 저항 측정방법

① 변속기의 오일팬의 플러그를 탈거하여 변속기 오일을 배출하고 오일팬을 탈거한다.

② 정비지침서를 참조하여 측정할 솔레노이드 밸브의 위치과 규정값을 확인한다.

밸브	규정값(20℃)
UDC,2ND, ODC, L&R,DCC	3.0Ω±0.5Ω

③ 멀티미터를 저항 레인지에 위치시키고 해당 솔레노이드 밸브의 커넥터를 탈거하여 저항을 측정한다.

※ 저항 측정시 멀티미터 리드선 탐침부 및 단품의 단자를 손으로 닿지 않도록 주의한다.

(3) 답안지 작성방법

① 규정값은 정비지침서 또는 감독위원이 제시한 값을 기록한다.

② 단위는 기본적으로 SI 또는 MKS를 사용하며, 감독위원이 제시한 규정값의 단위를 사용한다.

③ 규정값과 측정값을 판독하여 판정란에 ☑체크를 하고 정비 및 조치할 사항을 작성한다.

판정	측정값		정비 및 조치할 사항 작성 예
☑양호	규정값 이내		정비 및 조치사항 없음
☑불량	클러치 압력	규정값 이외	"해당" 솔레노이드 밸브 교환 후 재점검
			"해당" 클러치 디스크 교환 후 재점검
			"해당" 브레이크 밴드 교환 후 재점검
	솔레노이드 밸브 저항	규정값 이외	"해당" 솔레노이드 밸브 교환 후 재점검
		O.L Ω	"해당" 솔레노이드 밸브 단선, 교환 후 재점검

(4) 답안지

☞ 섀시_점검 및 측정_ 자동변속기 점검_공란

항 목	① 측정(또는 점검)		② 판정 및 정비(또는 조치)사항	
	측 정 값	규정 값 (정비한계 값)	판정 (□에 "√"표)	정비 및 조치할 사항
작동 시 변속기 클러치 압력			□양 호 □불 량	
변속기 솔레노이드 저항			□양 호 □불 량	

(5) 답안지 작성

☞ 섀시_점검 및 측정_ 자동변속기 점검_불량 시 작성 예

항 목	① 측정(또는 점검)		② 판정 및 정비(또는 조치)사항	
	측 정 값	규정 값 (정비한계 값)	판정 (□에 "√"표)	정비 및 조치할 사항
작동 시 변속기 클러치 압력 (UD 클러치)	12cm/cm²	9.5~10.5cm/cm²	☑양 호 □불 량	UD클러치 솔레노이드 밸브 교환 후 재점검
변속기 솔레노이드 저항	3.5Ω	3.0~3.7Ω	☑양 호 □불 량	정비 및 조치사항 없음

4-3 오일펌프 배출 압력 및 유량제어 솔레노이드밸브 저항 측정

조향장치인 파워스티어링 오일펌프와 기어박스의 유량제어 솔레노이드 밸브의 저항을 측정하여
조향핸들의 무거움이나 헐거움, 툭툭치는 현상 등 조향장치를 점검하기위한 작업형이다.

(1) **오일펌프 배출압력 측정방법**

① 차량의 시동이 OFF된 상태에서 벨트의 장력과 오일라인의 누유여부를 확인한다.

② 오일펌프에서 고압 호스(아래쪽)를 분리하고 오일압력 게이지를 설치한다.

③ 오일압력 게이지의 밸브를 열고 차량의 시동을 건다.

④ 공회전 상태에서 오일압력 게이지를 약 3~5초 이내로 닫고 이때의 최고 압력을 판독하
고 밸브를 다시 열어준다.

⑤ 차량의 시동을 OFF하고 오일압력 게이지를 탈거하여 원래의 상태로 호스를 체결한다.

⑥ 오일펌프의 리저브 탱크를 확인하여 파워스티어링 액을 보충 후 시동을 걸어 에어빼기 및 누유 여부를 확인한다.

⑵ 유량제어 솔레노이드 밸브 저항 측정방법

① 멀티미터를 저항 레인지에 위치시키고 영점을 확인한다.

② 기어박스에서 유량제어 솔레노이드 밸브의 커넥터를 탈거하고 유량제어 솔레노이드 밸브의 저항을 측정하여 판독한다.

※ 저항 측정시 멀티미터 리드선 탐침부 및 단품의 단자를 손으로 닿지 않도록 주의한다.

⑶ 답안지 작성방법

① 규정값은 정비지침서 또는 감독위원이 제시한 값을 기록한다.

② 단위는 기본적으로 SI 또는 MKS를 사용하며, 감독위원이 제시한 규정값의 단위를 사용한다.

③ 규정값과 측정값을 판독하여 판정란에 ☑체크를 하고 정비 및 조치할 사항을 작성한다.

판정	측정값		정비 및 조치할 사항 작성 예
☑양호	규정값 이내		정비 및 조치사항 없음
☑불량	오일펌프 배출압력	규정값 이외	오일펌프 교환 후 재점검
		규정값 보다 낮은 경우	오일펌프 벨트 장력 조정 후 교환 후 재점검
	유량제어 솔레노이드 밸브 저항	규정값 이외	유량제어 솔레노이드 밸브 교환 후 재점검
		O.L Ω	유량제어 솔레노이드 밸브 단선, 교환 후 재점검

(4) 답안지

❝ 섀시_점검 및 측정_유량제어 솔레노이드 저항_공란

항 목	① 측정(또는 점검)		② 판정 및 정비(또는 조치)사항	
	측 정 값	규정 값 (정비한계 값)	판정 (□에 "√"표)	정비 및 조치할 사항
오일펌프 배출압력			□양 호 □불 량	
유량제어 솔레노이드 저항			□양 호 □불 량	

(5) 답안지 작성

❝ 섀시_점검 및 측정_유량제어 솔레노이드 저항_불량 시 작성 예

항 목	① 측정(또는 점검)		② 판정 및 정비(또는 조치)사항	
	측 정 값	규정 값 (정비한계 값)	판정 (□에 "√"표)	정비 및 조치할 사항
오일펌프 배출압력	78kg/cm²	92 +3, -2kg/cm²	□양 호 ☑불 량	파워스티어링 펌프 교환 후 재점검
유량제어 솔레노이드 저항	5Ω	5.5~7.5Ω	□양 호 ☑불 량	유량 제어 솔레노이드 밸브 교환 후 재점검

4-4 휠 얼라인먼트(캐스터, 캠버, 토) 측정

시험장에 따라 휠 얼라인먼트의 장비 메이커와 기종이 달라 사용방법 또한 다소 차이가 있을 수 있다. 본 교재에서는 3D 휠 얼라인먼트로서 타이어 클램프를 사용하여 설명한다.

⑴ 휠 얼라인먼트 측정방법

① 준비된 차량을 리프트에 정위치하고 안전말목을 전륜과 후륜에 각각 설치하여 차량이 한계 이상 움직이지 않도록 한다음 사이드를 해제시키고 핸들을 정렬하고, 휠 얼라인먼트를 측정하기 편한 위치까지 상승시키고 휠 얼라인먼트 프로그램을 실행한 후 차종을 선택한다.

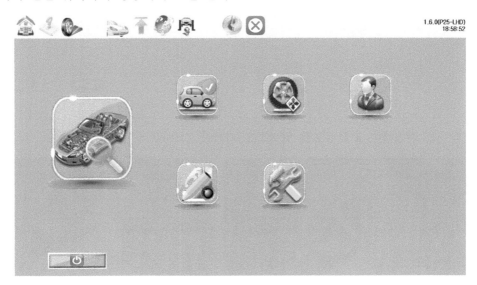

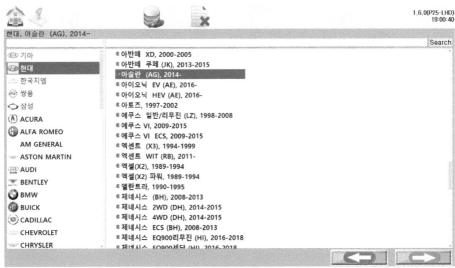

② 차량의 제원을 확인한다.

1.6.0(P25-LHD)
19:01:03

중요제원값

현대. 아슬란 (AG).2014-

전륜	최소치	중앙값	최대치	좌우차	최소치	중앙값	최대치
캐스터	3.88°	4.38°	4.88°	0.00°	3.88°	4.38°	4.88°
캠버	−1.00°	−0.50°	0.00°	0.00°	−1.00°	−0.50°	0.00°
킹핀(SAI)	---	---	---		---	---	---
개별 토우	−0.6	0.6	1.9		−0.6	0.6	1.9
			최소치	중앙값	최대치		
총토우			−1.2	1.2	3.7		

후륜	최소치	중앙값	최대치	좌우차	최소치	중앙값	최대치
캠버	−1.50°	−1.00°	−0.50°	0.00°	−1.50°	−1.00°	−0.50°
개별 토우	−0.2	1.1	2.4		−0.2	1.1	2.4
			최소치	중앙값	최대치		
총토우			−0.4	2.1	4.6		
스러스트각도			0.00°				

③ 다음을 진행하여 고객정보를 입력하고 타겟을 각 바퀴에 장착한다.

④ 진행 순서에 따라 런아웃을 진행한다.

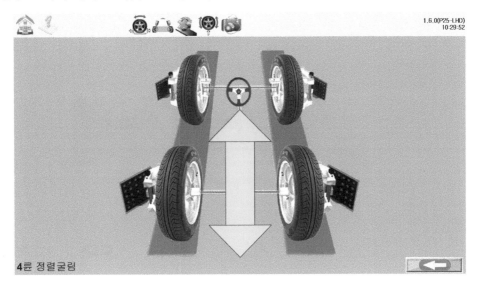

⑤ 런아웃이 종료되면 차량과 타이어에 대한 기본 상태정보가 표출되며, 이 정보를 토대로
타이어의 마모상태, 공기압 상태, 차량의 쏠림, 좌측 바퀴와 우측 바퀴의 편차, 전륜과
후륜의 편차를 알 수 있다.

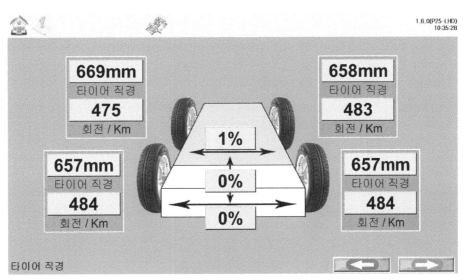

※ 휠 얼라인먼트 측정 전 공기압의 상태를 점검하고 각각의 바퀴에 적정한 공기압을 맞추고 휠 허브 베어링
및 쇽업소버, 각종 링크 등 현가장치의 마모, 파손 등을 점검한 다음 휠 얼라인먼트를 측정하는 것이 바람
직하다.

⑥ 진행화면에 따라 브레이크 페달을 고정하고 턴테이블의 핀을 제거한다.

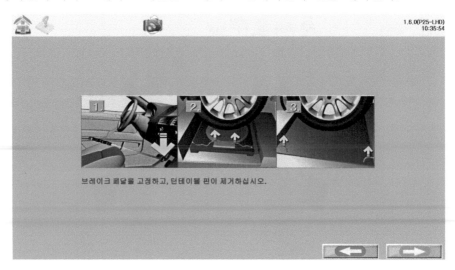

⑦ 화면에 따라 조향핸들을 돌려 휠 얼라인먼트를 측정한다.

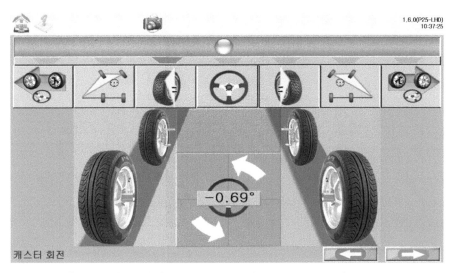

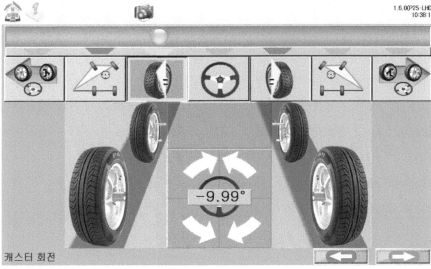

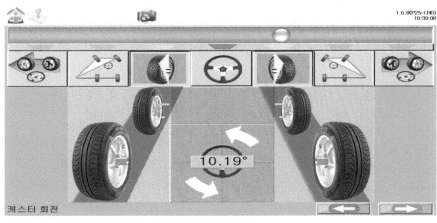

⑧ 기준값과 측정값을 판독한다.

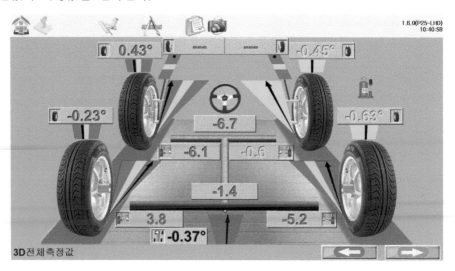

(2) 답안지 작성방법

① 규정값은 대부분 주어지지 않으며, 휠 얼라인먼트 화면의 제원값을 기록한다. 단, 감독 위원이 제시한 방향에 대한 규정값과 측정값으로 답안지를 작성하여야 한다.

르노삼성자동차나 쌍용자동차, 쉐보레자동차의 경우 좌측과 우측의 제원값이 다른 경우도 있으므로 주의하여야 한다.

② 단위는 캐스터, 캠버의 경우 도(°), 토의 경우 mm를 사용한다.

③ 규정값과 측정값을 판독하여 판정란에 ☑체크를 하고 정비 및 조치할 사항을 작성한다.

④ 대부분 차량의 경우 캐스터 조정이 되지 않으므로 여러 가지의 답안이 나올 수 있으나 "쇽업소버 교환 후 재점검"으로 작성하는 것이 바람직하다.

판정	측정값		정비 및 조치할 사항 작성 예
☑양호	규정값 이내		정비 및 조치사항 없음
☑불량	캐스터	규정값 이외	쇽업소버 교환 후 재점검
	캠버	규정값 이외	캠버 조정 후 재점검
			쇽업소버 교환 후 재점검
	토	규정값 이외	타이로드 조정 후 재점검

(3) 답안지

☞ 섀시_점검 및 측정_휠 얼라인먼트 점검_공란

항 목	① 측정(또는 점검)		② 판정 및 정비(또는 조치)사항	
	측 정 값	규정 값 (정비한계 값)	판정 (□에 "√"표)	정비 및 조치할 사항
캠버			□양 호 □불 량	
토(toe)				

(3) 답안지 작성

☞ 섀시_점검 및 측정_휠 얼라인먼트 점검_작성 예

항 목	① 측정(또는 점검)		② 판정 및 정비(또는 조치)사항	
	측 정 값	규정 값 (정비한계 값)	판정 (□에 "√"표)	정비 및 조치할 사항
캠버	좌 : 1.04°	0±0.5°	□양 호 ☑불 량	캠버 조정 후 재점검
토(toe)	-2.9mm	0mm±2.3mm		타이로드로 조정 후 재점검

Section 03

전기

전기 탈부착은 다음과 같이 8개의 항목으로 이루어져 있으며 추가적인 부품의 탈거 항목이 있을 수 있다.

1	블로워 모터	5	파워 윈도우 레귤레이터
2	라디에이터 팬	6	발전기 및 관련 벨트
3	와이퍼 모터	7	시동모터
4	에어컨 컴프레서	8	중앙집중제어장치(BCM, ETACS, ISU)

기록표작성은 탈부착 작업형과 연계된 측정, 점검 및 측정 항목과 소음측정, 전조등 측정 및 회로점검과 파형 측정 등에 대한 기록 등으로 구성되어져 있다.

다음은 측정에 관한 항목이다.

1	블로어 모터 작동 전압 및 전류 측정
2	라디에이터 팬 모터 전압 및 전류 측정
3	와이퍼 작동 전압 및 와셔 모터 작동 전압 측정
4	냉매 압력과 토출 온도 측정
5	도어 액츄에이터의 락 및 언락 시 전압 측정
6	암전류 및 발전기 출력 전류 측정
7	충전시스템의 충전 전압 및 전류 측정
8	부하시험

측정 항목에서 저항 측정 시 감지부나 리드선의 탐침부에 손이 닿으면 저항값의 변화로 실제값과 차이가 발생하여 양, 부가 바뀔 수 있으므로 주의한다.

다음은 회로점검에 관한 항목이다.

1	파워 윈도우 회로/ 전조등 회로/ 와이퍼 회로 점검
2	방향지시등 회로/ 블로어 모터 회로/ 에어컨 및 공조회로 점검
3	정지등 회로/ 실내등 회로/ 사이드 미러 회로 점검
4	도난 방지 회로/ 경음기 회로/ 열선 회로 점검
5	안전벨트 회로/ 에어백 회로/ 미등 회로 점검

회로 점검에서 회로를 점검하고자 할 때 배터리의 상태를 우선 점검하며 이때 배터리의 단자가 아닌 케이블에 멀티미터를 연결하여 배터리 전압을 측정하는 것이 바람직하다. 이는 배터리 단자와 케이블간의 접촉불량을 확인하기 위함이다. 해당 회로에 대한 퓨즈상태의 점검은 배선 테스터기를 이용한 점검 외에 퓨즈를 빼서 육안으로 확인을 하여야 한다.

릴레이 점검에 있어 4핀 릴레이와 5핀 릴레이의 바뀜, 내부 회로 단선 또는 저항과다, 결선 회로 불량에 의한 오작동 여부를 확인하는데 있어 릴레이의 작동음이 들린다면 릴레이를 기준으로 전원과 접지, 스위치의 작동은 양호하다는 것이며 그럼에도 불구하고 해당 기능이 작동하지 않는 경우 릴레이 내부 회로 단선 또는 저항과다, 결선 회로 불량으로 볼 수 있다.

해당 회로의 커넥터와 관련하여 커넥터 자체를 완전히 탈거한 경우 또는 커넥터에서 단자 밀림, 빠짐과 커넥터가 살짝 빠져 있는 경우도 있으므로 커넥터의 체결상태를 점검하고, 완전히 체결되어 있는 상태에서 회로의 작동이 안되는 경우 커넥터 내부 핀 밀림이나 배선 단선 유무를 확인하여야 한다.

회로점검에 있어 회로도를 판독하는 것은 필수적 요소이며, 기록표 작성 시 불량 부품의 명칭을 회로도내의 명칭 또는 연결회로로 작성하여야 하며 이는 시험 시작전 감독위원이 제시하므로 감독위원의 지시사항을 꼼꼼히 듣고 체크하여야 한다.

회로점검에 있어 차량은 기아자동차 K5(TF)를 기준으로 한다.

다음은 파형에 관한 항목이다.

1	CAN 통신 파형
2	LIN 통신 파형
3	파워 윈도우 전압과 전류 파형
4	안전벨트 차임벨 타이머 파형
5	도어 스위치 열림/닫힘 시 감광식 룸램프 작동 파형

파형측정은 상기 5가지이나 점검 및 측정항목 중 와이퍼 작동 전압 측정(INT)을 파형으로 요구할 수도 있다. 파형은 GDS의 프로그램에서 오실로스코프 기능을 잘 이해하고 상황에 맞게 설정을 변경할 수 있으며, 회로도를 기반으로 측정 포인트를 찾아내고 화면에서 보기 좋은 파형의 크기와 위치, 그리고 커서의 설정 등 객관적인 증거가 될 수 있도록 데이터값을 표출시켜야 한다. 출력을 한 다음에는 각각의 분석 포인트에 맞게 파형의 분석과 판정을 하여야 한다.

다음은 점검 및 측정에 관한 항목이다.

1	외기온도센서 출력 전압, 저항 측정 및 에어컨 냉매압력 측정
2	유해가스 감지센서 출력 전압 및 핀 서모센서 저항 및 출력 전압 측정
3	도어 스위치 작동 시 전압 및 도어록 액츄에이터 작동 시 전압 및 전류 측정
4	CAN라인 저항 측정 및 경음기(배기소음) 측정
5	전조등 광도 및 광축 측정

01 탈부착

전기 작업형에서 탈부착의 핵심은 배터리 (−)단자를 탈거하고, 커넥터를 탈거한 후에 볼트를 풀어야 한다.

3-1 블로어 모터

① 배터리 (−)단자를 탈거하고 블로워 모터 커넥터 (A)와 냉각 파이프 (B)를 탈거한 후 블로어 모터를 탈거한다.

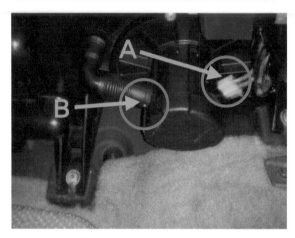

② 탈거한 블로어 모터를 감독위원에게 확인받은 후 분해 역순으로 조립한다.

3-2 라디에이터 팬

① 배터리 (−)단자를 분리하고 라디에이터 팬 커넥터 (A)를 분리한 후 라디에이터 팬 고정 볼트를 풀고 라디에이어터 팬을 탈거한다.

② 탈거한 라디에이터 팬을 감독위원에게 확인받은 후 분해 역순으로 조립한다.

3-3 와이퍼 모터

① 배터리 (−)단자를 탈거하고 와이퍼 캡과 암 장착 너트를 풀고 윈드 실드 와이퍼 암과 블레이드를 탈거한다.

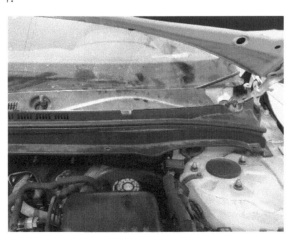

Section

03

전기

② 리테이너를 풀고 카울탑 커버를 탈거한 후 열선 커넥터와 와이퍼 모터 커넥터를 탈거한다.

③ 와이퍼 모터 어셈블리 고정볼트를 탈거하고 크랭크 암에 와이퍼 모터의 원위치를 표시한다.

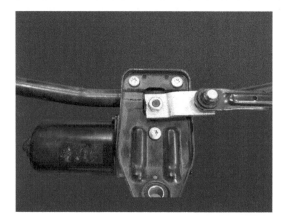

④ 크랭크 암 링크를 탈거하고 와이퍼 모터를 탈거하여 감독위원에게 확인받은 후 분해 역
순으로 조립한다.

3-4 에어컨 컴프레셔

에어컨 컴프레셔 탈부착시 탈거된 라인내로 먼지, 습기, 이물질 등이 유입되지 않도록 플러그나 캡을 씌어 라인을 보호하여야 한다.

① 배터리 (−)단자를 탈거하고, 에어컨 냉매 회수/진공/충진 장비를 이용하여 차량의 냉매를 회수한다.

② 언더커브를 탈거하고 오토텐셔너 풀리를 반시계 방향으로 돌리면서 드라이브 벨트를 탈거한다.

 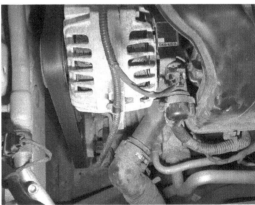

③ 컴프레셔 클러치 커넥터를 분리하고 컴프레셔의 석션 라인(저압)과 디스챠지 라인(고압)
연결너트를 분리하고 라인을 분리한다.

④ 에어컨 컴프레셔 고정볼트를 탈거하여 에어컨 컴프레셔를 탈거하고 감독위원에게 확인
받은 후 분해 역순으로 조립한다.

파워 윈도우 레귤레이터

① 도어트림을 탈거하고 IG ON상태에서 유리 고정 브라킷이 보일 때까지 창문을 내린 후 유리를 고정한 다음 모터 커넥터를 탈거하고 모터 고정볼트를 푼다.

② 유리 고정볼트 (A)를 탈거한 후 파워윈도우 레귤레이터를 탈거하여 어셈블리에서 모터를 분리하고 파워윈도우 레귤레이터를 감독위원에게 확인받은 후 분해 역순으로 조립한다.

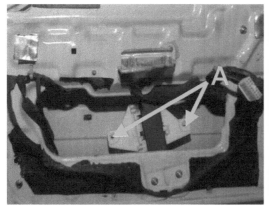
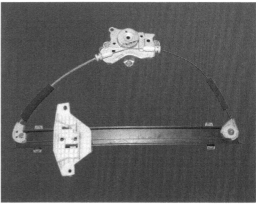

3-6 발전기 및 관련 벨트

① 차량의 배터리 (−)를 탈거하고 발전기의 L단자 커넥터 (A)와 B단자 (B)를 탈거한다.
발전기 고정볼트 (C)를 이완시킨 후 장력 고정볼트 (D)를 풀어 발전기와 벨트를 탈거한다.

② 발전기와 벨트를 탈거하여 감독위원에게 확인받은 후 분해 역순으로 조립한다.

3-7 시동모터

① 배터리 (−)단자를 탈거하고 시동모터 보호커버를 풀고 시동모터의 B단자와 ST단자를 탈거한 후 트랜스 액슬 하우징에서 시동모터 고정볼트를 탈거한다.

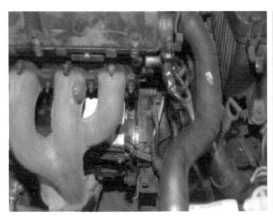 

② 시동모터를 탈거하여 감독위원에게 확인받은 후 분해 역순으로 조립한다.

3-8 중앙집중제어장치

차종에 따라 BCM의 위치가 상이하므로 작업 전 차량의 BCM위치를 파악하여 필요이상의 부품을 탈거하거나 필요 없는 부품을 탈거하지 않도록 주의하여야 한다.

각종 커버나 패널류의 탈거 시 트림과 패널에 손상을 주지 않도록 주의하며, 플라스틱 재질의 리무버 또는 드라이버를 사용할 때에는 보호 테이프를 감아서 사용한다.

내장재 탈거시 맨 손으로 탈거작업을 하는 경우 손을 긁히거나 찍히는 경우가 발생하므로 안전장갑을 착용하는 것이 안전하다.

① 배터리 (–)를 탈거하고 크래쉬 패드 사이드 커버를 탈거한다.

② 퓨즈박스 커버를 탈거하고 크래쉬 패드 로어 패널 장착 스크류 및 볼트를 풀고 크래쉬 패드 로어 패널을 탈거한다.

 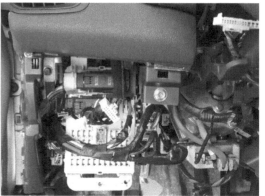

③ BCM 커넥터를 분리하고 고정 너트를 탈거하여 BCM을 탈거한 후 감독위원에게 확인받은 후 분해역순으로 조립한다.

 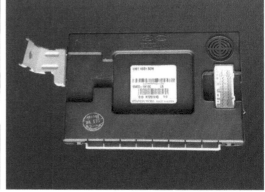

02 측정

전기 작업형에서 측정 항목은 8가지로 구성되어 있으며 주로 멀티미터와 후크식 전류계를 사용하여 측정하며, 냉매 회수재생충진기 등의 장비를 다루는 경우 장비 취급에 주의를 하도록 한다.

2-1 블로어 모터 작동 전압 및 전류 측정

블로어 모터의 작동 전압과 전류의 측정은 차량의 시동을 켜고 A/C 스위치를 작동시킨 후 블로워 스위치를 최대로 하여 측정하여 블로어 모터를 점검하는 작업이나, 감독위원의 지시에 따라 측정 조건이 바뀔 수 있으니 유의하여야 한다.

(1) 측정방법

① 감독위원이 제시한 측정조건에 맞게 차량 조건(key on 또는 시동 상태)을 맞춘다.

② 후크식 전류계를 DC-A로 위치시키고 영점조정을 하여 블로어 모터의 전원선에 연결한다.

③ 멀티미터를 DC-V에 위치시키고 (+)리드선을 블로어 모터 전원선에, (-)리드선을 블로어 모터 제어선에 연결한다.

④ A/C 스위치를 켜고 블로어 스위치를 최대로 작동시킨다.

⑤ 초기 돌입 전류부분을 제외하고 약 3~5초 이내의 값을 판독한다.

(2) 답안지 작성방법

① 규정값은 정비지침서 또는 감독위원이 제시한 값을 참조한다.

② 단위의 누락 및 틀리지 않도록 확인하여 기록한다.

③ 규정값과 측정값을 판독하여 판정란에 ☑체크를 하고 정비 및 조치할 사항을 작성한다.

판정	측정값	정비 및 조치할 사항 작성 예
☑양호	규정값 이내	정비 및 조치사항 없음
☑불량	작동 전류가 높은 경우	블로어 모터 교환 후 재점검
	작동 전압이 낮은 경우	배터리 점검 및 교환 후 재점검

(3) 답안지

▪ 전기_측정_블로워 모터 작동 점검_공란

항 목		① 측정(또는 점검)	② 판정 및 정비(또는 조치)사항	
		측 정 값	판정 (□에 "√"표)	정비 및 조치할 사항
블로워 모터	작동전압		□양 호 □불 량	
	작동전류(최대)			

(4) 답안지 작성

▪ 전기_측정_블로워 모터 작동 점검_불량 시 작성 예

항 목		① 측정(또는 점검)	② 판정 및 정비(또는 조치)사항	
		측 정 값	판정 (□에 "√"표)	정비 및 조치할 사항
블로워 모터	작동전압	11.45V	□양 호 ☑불 량	블로워모터 교환 후 재점검
	작동전류(최대)	5A		

라디에이터 팬 모터 작동 전압 및 전류 측정

라디에이터 팬 모터의 측정을 위해서는 스캔툴을 사용하여 해당 차종의 엔진제어로 진입하여
액추에이터 구동 항목 중에 라디에이터 팬 저속과 고속을 제어하여 강제구동을 시키고 전압과
전류를 측정한다.

(1) 측정방법

① 회로도를 참조하여 후크식 전류계를 DC-A로 선택하고 영점조정 후 저속 제어선 또는
   저속 전원선에 연결한다.

② 멀티미터를 DC-V로 선택하고 (+)리드선을 회로도상의 저속 제어 전원선에 연결하고
   (−)리드선을 저속 제어선에 연결한다.

③ 측정 차량을 key on하여 스캔툴을 연결하고 해당 차종의 엔진제어로 진입한다.

④ 엔진제어에서 액추에이터를 선택하고 라디에이터 팬 저속으로 이동하여 강제구동을 시킨다.

⑤ 초기 돌입 전류를 무시하고 약 3~5초 이내의 측정값을 판독한다.

⑥ 스캔툴에서 라디에이터 저속의 강제구동을 정지하고 라디에이터 고속으로 이동한다.

⑦ 전류계를 탈거하여 회로도를 참조하여 후크식 전류계를 영점조정 후 고속 제어선 또는
   고속 전원선에 연결한다.

⑧ 멀티미터의 (+)리드선을 회로도상의 고속 제어 전원선에 연결하고 (−)리드선을 고속 제
   어선에 연결한다.

⑨ 스캔툴에서 라디에이터 고속을 강제구동 시킨다.

⑩ 초기 돌입 전류를 무시하고 약 3~5초 이내의 측정값을 판독한다.

(2) 답안지 작성방법

① 규정값은 정비지침서 또는 감독위원이 제시한 값을 참조한다.

② 단위의 누락 및 틀리지 않도록 확인하여 기록한다.

③ 규정값과 측정값을 판독하여 판정란에 ☑체크를 하고 정비 및 조치할 사항을 작성한다.

판정	측정값	정비 및 조치할 사항 작성 예
☑양호	규정값 이내	정비 및 조치사항 없음
☑불량	작동 전류가 높은 경우	라디에이터 팬 모터 교환 후 재점검
	작동 전압이 낮은 경우	배터리 점검 및 교환 후 재점검

(3) 답안지

📌 **전기_측정_라디에이터 팬 모터 측정_공란**

항 목		① 측정(또는 점검)				② 판정 및 정비(또는 조치)사항	
		측 정 값		규정 값 (정비한계 값)		판정 (□에 "√"표)	정비 및 조치할 사항
라디에이터 팬 모터 (구동 시)	전압	High		High		□양 호 □불 량	
		Low		Low			
	전류	High		High		□양 호 □불 량	
		Low		Low			

(4) 답안지 작성

📌 **전기_측정_라디에이터 팬 모터 측정_양호 시 작성 예**

항 목		① 측정(또는 점검)				② 판정 및 정비(또는 조치)사항	
		측 정 값		규정 값 (정비한계 값)		판정 (□에 "√"표)	정비 및 조치할 사항
라디에이터 팬 모터 (구동 시)	전압	High	12.15V	High	10.5~14.5V	☑양 호 □불 량	정비 및 조치사항 없음
		Low	8.97V	Low	8.5~10.5V		
	전류	High	19.4A	High	17~21A	☑양 호 □불 량	정비 및 조치사항 없음
		Low	11.7A	Low	7.5~12A		

와이퍼 작동 전압 및 와셔 모터 작동 전압 측정

와이퍼를 LOW 모드로 작동시켜 작동시 전압을 측정하고, 와셔 모터를 작동시켜 와셔 모터의 작동 전압을 측정하는 작업으로 회로도상의 출력 전압과 실제 출력 전압을 비교하여 양부 판정을 할 수 있어야 한다.

(1) 측정방법

① 주어진 차량의 회로도를 참조하여 멀티미터를 DC-V로 설정하여 (+)리드선을 다기능 스위치의 와이퍼 LOW 제어선에 연결하고 (−)리드선을 해당 접지에 연결한다.

② IG ON하고 와이퍼를 LOW로 작동하여 측정되는 전압을 판독한다.

③ 멀티미터의 (+)리드선을 다기능 스위치의 와셔 모터 스위치선에 연결하고 (−)리드선을 해당 접지에 연결한다.

④ 와셔모터를 작동시켜 측정되는 전압을 판독한다.

 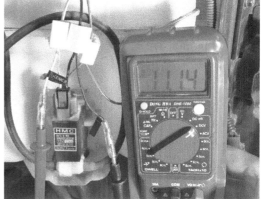

(2) 답안지 작성방법

① 규정값은 정비지침서 또는 감독위원이 제시한 값을 참조한다.

② 단위의 누락 및 틀리지 않도록 확인하여 기록한다.

③ 규정값과 측정값을 판독하여 판정란에 ☑체크를 하고 정비 및 조치할 사항을 작성한다.

판정	측정값	정비 및 조치할 사항 작성 예
☑양호	규정값 이내	정비 및 조치사항 없음
☑불량	작동 전류가 높은 경우	와셔 모터 교환 후 재점검
	작동 전압이 낮은 경우	배터리 점검 및 교환 후 재점검

(3) 답안지

☞ 전기_측정_와이퍼 모터 측정_공란

항 목		측정(또는 점검)상태	② 판정 및 정비(또는 조치)사항
			정비 및 조치할 사항
와이퍼	Low모드 시 작동 전압		
	와셔 모터 작동 전압		

(4) 답안지 작성

☞ 전기_측정_와이퍼 모터 측정_불량 시 작성 예

항 목		측정(또는 점검)상태	② 판정 및 정비(또는 조치)사항
			정비 및 조치할 사항
와이퍼	Low모드 시 작동 전압	6V	와이퍼 스위치 교환 후 재점검
	와셔 모터 작동 전압	7.2V	와셔 스위치 교환 후 재점검

2-4 냉매 압력과 토출 온도 측정

에어컨 라인의 냉매의 고압과 저압측의 압력을 규정값과 비교하여 판독하고 압축기 작동시와 비작동시에 따른 온도를 측정하고 냉방계통을 점검한다.

(1) 측정방법

① 차량의 시동이 OFF된 상태에서 측정 준비를 한다.

② 차량의 보닛을 열고 냉매라인의 저압과 고압측 서비스 포트에 냉매 회수재생충진 장비의 저압과 고압 호스의 커플러를 체결하여 밸브를 열어준다.

③ 냉매 회수재생충진기의 전원을 켜고 수동모드에서 회수버튼을 눌러 차량의 냉매를 회수한다.

④ 냉매의 회수가 완료되면 진공작업을 한다.

⑤ 진공작업이 완료되면 신유주입 버튼을 눌러 약 10cc 정도 냉동유를 주입하고 정비지침서 상의 냉매량을 충진한다.

⑥ 측정조건은 감독위원의 지시에 따르며, 일반적인 측정은 다음과 같다.

⑦ 차량의 시동을 걸고 A/C 스위치를 누른 후 블로어 스위치를 최대, 온도를 LO로 설정한 후 엔진 회전수가 1,000rpm~2,000rpm사이에서 유지 되도록 가속하여 압축기가 작동 할 때의 저압과 고압의 압력을 판독한다.

⑧ 엔진을 공회전 상태로 하여 압축기가 작동할 때와 비작동 할 때의 온도를 측정하여 판독한다.

(2) 답안지 작성방법

① 규정값은 정비지침서 또는 감독위원이 제시한 값을 참조한다.

② 단위는 기본적으로 SI 또는 MKS를 사용하며, 감독위원이 제시한 규정값의 단위를 사용한다.

③ 규정값과 측정값을 판독하여 판정란에 ☑체크를 하고 정비 및 조치할 사항을 작성한다.

④ 다음의 측정값과 정비 및 조치사항에 대한 작성 예는 일반적인 점검 결과를 참조한 것이며, 실제 정비현장에서 차종과 시스템에 따라 발생되는 결과는 달라질 수 있다.

판정	측정값	정비 및 조치할 사항 작성 예
☑양호	규정값 이내	정비 및 조치사항 없음
☑불량	저압과 고압이 낮은 경우	냉매부족, 냉매회수 후 규정량으로 충진 후 재점검
	저압과 고압이 높은 경우	냉매과다, 냉매회수 후 규정량으로 충진 후 재점검
	저압은 정상이나 고압이 낮은 경우	에어컨 컴프레서 불량, 냉매 회수, 에어컨 컴프레서 교환 후 규정량으로 충진 후 재점검
	저압은 정상이나 고압이 높은 경우	콘덴서(응축기) 막힘, 냉매 회수, 콘덴서 교환 후 규정량으로 충진 후 재점검
	저압이 0부근에 위치하는 경우	팽창밸브 막힘, 냉매 회수, 팽창밸브 교환 후 규정량으로 충진 후 재점검

(3) 답안지

☞ 전기 측정_냉매 압력 및 토출 온도 측정_공란

항 목		① 측정(또는 점검)				② 판정 및 정비(또는 조치)사항	
		측 정 값		규정 값 (정비한계 값)		판정 (□에 "√"표)	정비 및 조치할 사항
냉매 압력	저압					□양 호 □불 량	
	고압						
토출 온도		압축기 작동시	압축기 비작동시	압축기 작동시	압축기 비작동시	□양 호 □불 량	

(4) 답안지 작성

☞ 전기 측정_냉매 압력 및 토출 온도 측정_불량 시 작성 예

항 목		① 측정(또는 점검)				② 판정 및 정비(또는 조치)사항	
		측 정 값		규정 값 (정비한계 값)		판정 (□에 "√"표)	정비 및 조치할 사항
냉매 압력	저압	1.2kgf/cm²		1.5~2.0kgf/cm²		□양 호 ☑불 량	냉매부족, 정량으로 충전 후 재점검
	고압	8kgf/cm²		15~18kgf/cm²			
토출 온도		압축기 작동시 2℃	압축기 비작동시 18℃	압축기 작동시 2~4℃	압축기 비작동시 15~28℃	☑양 호 □불 량	정비 및 조치사항 없음

2-5 도어 액츄에이터 작동 시 전압 측정

IG OFF상태에서 도어를 열고 닫을 때 도어 액츄에이터의 작동 전압을 측정하는 작업으로 도어 액츄에이터가 열림과 닫힘시에 연결 회로가 반대로 되므로 (−)로 측정되나 기록할 때는 (−)를 생략해야 한다.

⑴ 측정방법

① 차량의 Key를 탈거한 상태에서 측정한다.

② 주어진 회로도를 참조하여 도어 액츄에이터의 배선에 멀티미터를 DC-V로 설정하여 메인 파워 스위치에서 락과 언락을 하여 측정되는 값을 판독한다.

⑵ 답안지 작성방법

① 규정값은 정비지침서 또는 감독위원이 제시한 값을 기록한다.

② 단위의 누락 및 틀리지 않도록 확인하여 기록한다.

③ 규정값과 측정값을 판독하여 판정란에 ☑체크를 하고 정비 및 조치할 사항을 작성한다.

판정	측정값	정비 및 조치할 사항 작성 예
☑양호	규정값 이내	정비 및 조치사항 없음
☑불량	전압(전류)이 낮은 경우	배터리 점검 및 교환 후 재점검
		도어 액츄에이터 교환 후 재점검
	전압(전류)이 높은 경우	도어 액츄에이터 교환 후 재점검

(3) 답안지

☛ 전기_측정_도어 액츄에이터 측정_공란

항 목	① 측정(또는 점검)			② 판정 및 정비(또는 조치)사항	
	측 정 값		규정 값 (정비한계 값)	판정 (□에 "√"표)	정비 및 조치할 사항
도어 액츄에이터	Lock 시 전압			□양 호 □불 량	
	Un-Lock 시 전압				

(4) 답안지 작성

☛ 전기_측정_도어 액츄에이터 측정_불량시 작성 예

항 목	① 측정(또는 점검)			② 판정 및 정비(또는 조치)사항	
	측 정 값		규정 값 (정비한계 값)	판정 (□에 "√"표)	정비 및 조치할 사항
도어 액츄에이터	Lock 시 전압	12.45V	10.5~14.5V	□양 호 ☑불 량	도어액츄에이터 교환 후 재점검
	Un-Lock 시 전압	9.2V	10.5~14.5V		

2-6 암 전류 및 발전기 출력 전류 측정

암 전류는 비정상적으로 소모되는 전류를 말하며, 일반적으로 50mA이상 소모시 방전으로 판단한다. 방전시 각종 퓨즈류를 탈거하면서 관련회로를 찾아 가며 특정 관련회로에서 각 부품들의 커넥터를 탈거하며 방전되는 원인을 찾는다.

암 전류 측정은 멀티미터 또는 후크식 전류계를 사용한다.

발전기 출력 전류는 차량의 부하에 따른 출력을 측정하는 것으로 최근의 차량은 필요한 전기량이 없는 경우 발전기 출력을 제한하여 연비를 향상한다.

감독위원이 제시한 조건으로 측정에 임한다.

(1) 측정방법

암 전류의 측정

① IG OFF 및 모든 부하를 OFF한 후 슬립모드 진입 시까지 30초 이상 대기한다.

② 후드 스위치가 있는 차량은 후드 스위치를 눌러 놓는다.

③ 후크식 전류계 사용시 배터리 (−)케이블에 전류계의 화살표가 배터리를 향하도록 연결한다. 멀티미터를 사용할 경우 차량의 배터리 (−)케이블을 탈거하고 멀티미터를 DC−A로 위치하고, 20A 단자에 적색 리드선을 삽입하여 배터리 케이블 (−)케이블에, (−)리드선을 배터리 (−)단자에 연결한다.

④ 약 1분 정도 후의 측정값을 판독한다.

상기 좌측은 배터리 (−)단자를 탈거하지 않고 클램프미터를 사용하여 측정하는 것이고 우측의 그림은 배터리를 탈거하고 멀티미터를 이용하여 전류모드에서 측정한 것이다.

발전기 출력 전류 측정

① 후크식 전류계를 DC−A로 위치하고 영점조정 후 발전기와 배터리 (+)단자간 배선에 전류계의 화살표가 배터리를 향하도록 연결한다.
② 차량의 시동을 걸고 모든 부하를 켠다.(전조등, 비상등, A/C, 열선 등)
③ 공회전 상태에서 약 2,000rpm을 유지하며 전류계의 측정값을 판독한다.

상기 좌측 사진은 모든 부하를 주고 약 2,000rpm으로 가속을 하면서 측정한 발전기 출력 전류이며, 우측 사진은 열선을 작동하지 않고 공회전에서 측정한 발전기 출력 전류이다.

(2) 답안지 작성방법

① 규정값은 정비지침서 또는 감독위원이 제시한 값을 기록한다.

② 단위는 기본적으로 SI 또는 MKS를 사용하며, 감독위원이 제시한 규정값의 단위를 사용한다.

③ 암 전류 과다 시 본 항목이 점검 및 측정이 아니고 문제의 원인이 매우 넓어 짧은 시간에 답을 찾기가 곤란하다. 특정 도어를 열어 놓은 상태로 측정하라고 하면 원인은 해당 도어 스위치의 회로가 원인으로 보고 작성하면 된다.

④ 규정값과 측정값을 판독하여 판정란에 ☑체크를 하고 정비 및 조치할 사항을 작성한다.

판정	측정값	정비 및 조치할 사항 작성 예
☑양호	규정값 이내	정비 및 조치사항 없음
☑불량	암 전류 과다 시	운전석 도어 스위치 불량, 교체 후 재점검 (운전석 도어를 열어 놓은 상태로 측정하는 경우의 예)
	발전기 출력 부족 시	발전기 교환 후 재점검
		팬 벨트 장력 조정 불량, 팬 벨트 장력 조정 후 재점검

(3) 답안지

※ 전기_측정_암전류 및 발전기 출력 전류 측정_공란

항 목	① 측정(또는 점검)		② 판정 및 정비(또는 조치)사항	
	측 정 값	규정 값 (정비한계 값)	판정 (□에 "√"표)	정비 및 조치할 사항
암 전류			□양 호 □불 량	
발전기 출력 전류			□양 호 □불 량	

(4) 답안지 작성

☞ 전기_측정_암전류 및 발전기 출력 전류 측정_불량시 작성 예

항 목	① 측정(또는 점검)		② 판정 및 정비(또는 조치)사항	
	측 정 값	규정 값 (정비한계 값)	판정 (□에 "√"표)	정비 및 조치할 사항
암 전류	0.25A	0.4A이하	☑양 호 □불 량	정비 및 조치사항 없음
발전기 출력 전류	62.3A	80A이상	□양 호 ☑불 량	발전기 교환 후 재점검

2-7 충전시스템 충전 전압과 전류 측정

차량의 무부하시와 부하시에 따른 발전기 출력 전압과 출력 전류를 측정하여 발전기의 상태를 점검하는 작업형이다.

감독위원이 지시하는 측정 조건으로 작업에 임한다.

(1) 측정방법

① 차량의 시동을 걸어 워밍업을 한다.

② 후크식 전류계를 DC-A로 위치하여 영점조정한 후 발전기 B단자와 배터리 (+)단자간 배선에 전류계의 화살표가 배터리를 향하도록 연결한다.

③ 멀티미터를 DC-V로 위치하여 발전기 B단자와 발전기 몸체에 연결한다.

④ 무부하 상태에서 측정값을 판독하고, 모든 부하(전조등, 비상등, A/C, 열선 등)를 켜고 약 2,000rpm으로 유지하면서 측정값을 판독한다.

(2) 답안지 작성방법

① 규정값은 정비지침서 또는 감독위원이 제시한 값을 기록한다.

② 단위는 기본적으로 SI 또는 MKS를 사용하며, 감독위원이 제시한 규정값의 단위를 사용한다.

③ 규정값과 측정값을 판독하여 판정란에 ☑체크를 하고 정비 및 조치할 사항을 작성한다.

판정	측정값	정비 및 조치할 사항 작성 예
☑양호	규정값 이내	정비 및 조치사항 없음
☑불량	발전기 출력 전류 과다 시	발전기 불량, 교체 후 재점검
	발전기 출력 전류 부족 시	발전기 교환 후 재점검
		팬 벨트 장력 조정 불량, 팬 벨트 장력 조정 후 재점검

(3) 답안지

❝ 전기_측정_충전 시스템 측정_공란

항 목		① 측정(또는 점검)		② 판정 및 정비(또는 조치)사항	
		측 정 값	규정 값 (정비한계 값)	판정 (□에 "√"표)	정비 및 조치할 사항
충전 시스템	충전 전압	무부하시		□양 호 □불 량	
		부하시			
	충전전류	무부하시			
		부하시			

(4) 답안지 작성

❝ 전기_측정_충전 시스템 측정_공란

항 목		① 측정(또는 점검)			② 판정 및 정비(또는 조치)사항	
		측 정 값		규정 값 (정비한계 값)	판정 (□에 "√"표)	정비 및 조치할 사항
충전 시스템	충전 전압	무부하시	14.4V	13.5~14.5V	☑양 호 □불 량	정비 및 조치사항 없음
		부하시	13.8V	13.5~14.5V		
	충전전류	무부하시	17.5A	2~60A		
		부하시	19.2A	12~80A		

2-8 부하시험

부하시험은 특성상 시동이 걸리지 않는 조건에서 측정하여야 한다. 따라서 전압이 지속적인 방전으로 떨어지므로 시험장에서는 배터리 충전기를 설치하거나 배터리를 교환, 또는 보조 배터리를 부착하여 측정한다.

(1) 측정방법

크랭킹시 방전전류량

① 전류계를 DC-A에 위치시키고 영점조정 버튼을 눌러 영점조정을 한다.

② 전류계의 화살표가 시동모터 (B)단자 방향으로 향하도록 하여 시동모터 가깝게 설치한다.

③ 엔진을 크랭킹하면서 3~5초 이내의 출력되는 전류량을 판독한다.

> **주의** ① 후크식 전류계 사용 시 후크가 완전히 닫힌 상태에서 영점조정 및 측정한다.
> ② 영점조정 시 전류가 흐르지 않는 상태에서 하도록 한다.
> ③ 측정값 판독 시 초기 돌입 전류와 피크전압은 판독하지 않는다.

배터리와 시동모터간 전압강하

① 멀티미터를 DC-V에 위치시킨다.

② 멀티미터의 (+)리드선을 배터리 (+)단자에 물리고 (-)리드선을 시동모터 B단자에 물린다.

③ 엔진을 크랭킹하면서 3~5초 이내의 출력되는 전압을 판독한다.

> **주의** ① 측정값 판독시 초기 돌입 전류에 따른 피크전압은 판독하지 않는다.

(2) 답안지 작성방법

① 규정값은 정비지침서 또는 감독위원이 제시한 값을 참조한다.

② 배터리의 용량 X3을 하여 나온 값보다 측정값이 크면 불량으로 체크한다.

③ 전압강하는 1.2V 이하이면 양호하나 감독위원이 제시한 값을 참조한다.

④ 규정값과 측정값을 판독하여 판정란에 ☑체크를 하고 정비 및 조치할 사항을 작성한다.

판정	측정값	정비 및 조치할 사항 작성 예
☑양호	규정값 이내	정비 및 조치사항 없음
☑불량	주어진 규정값보다 큰 경우, 규정값이 주어지지 않은 경우 배터리 용량 X3 보다 큰 경우	시동모터 교환 후 재점검
		엔진 점검 및 수리 후 재점검
		크랭크축 메인베어링 교환 후 재점검
	전압강하가 규정값보다 큰 경우	배터리 (+)단자와 시동모터 B단자간 배선교환 후 재점검

(3) 답안지

☛ 전기 측정_부하시험_공란

항 목	① 측정(또는 점검)		② 판정 및 정비(또는 조치)사항	
	측 정 값		판정 (□에 "√"표)	정비 및 조치할 사항
부하시험	크랭킹시 방전전류량	배터리와 시동모터간 전압강하	□양 호 □불 량	

(4) 답안지 작성

☛ 전기 측정_부하시험_불량 시 작성 예

항 목	① 측정(또는 점검)		② 판정 및 정비(또는 조치)사항	
	측 정 값		판정 (□에 "√"표)	정비 및 조치할 사항
부하시험	크랭킹시 방전전류량 210A	배터리와 시동모터간 전압강하 101.5mV	□양 호 ☑불 량	기동전동기 교환 후 재점검

03 회로점검

전기 작업형에서 회로점검은 회로도를 기준으로 점검 포인트를 잡아가면서 점검을 하여 고장 원인을 찾고 기록표 작성 시 회로도내의 명칭이나 연결회로를 작성하여야 하는 항목으로 크게 5개의 대 항목, 16개의 소 항목으로 구성되어 있으나 이는 얼마든지 변경이 가능하니 유의하여야 한다.

회로점검과정은 개개인의 전기에 대한 점검절차와 방법이 상이하고 이는 노하우 등에 따라서도 달라지나 회로도상의 위쪽부터 아래쪽으로 하나씩 점검하는 방법과 릴레이를 기점으로 릴레이 전 또는 후의 회로로의 점검방향을 잡아가는 방법 등이 있다.

본 교재에서는 회로에 따라 쉽게 점검이 가능한 포인트와 축약할 수 있는 포인트 지점에서 점검하는 방법을 제시하고자 하며, 회로점검은 3가지가 하나의 답안지로 구성되어 3가지회로의 원인을 다 찾아야 한다. 1개의 회로에 1개의 고장부분이 있는 것으로 점검 중 원인을 찾는 경우 이하의 점검은 필요치 않으며, 3가지를 다 찾았다면 감독위원에게 확인을 받고 답안지를 작성하도록 한다.

단일 커넥터의 경우 핀 밀림에 의한 접촉불량 여부를 커넥터 점검 시 같이 확인하여야 한다.

모듈의 커넥터 또는 중간 통합커넥터의 경우에는 커넥터를 탈거하면 해당 회로에 여러 개소의 불량으로 판단할 수 있어 커넥터의 탈거보다는 해당되는 단자 핀 밀림이나 단자의 탈거는 가능하므로 커넥터가 체결되어 있다고 해도 고장의 원인을 찾을 수 없다면 회로도를 통하여 해당 커넥터 단자를 확인하여야 한다. 해당 부품의 위치 또는 접지의 위치가 인판넬을 들어내어야 되는 경우 또는 많은 부품들을 탈거해야만 확인이 가능한 경우에는 점검을 생략해도 되며 이때는 중간 커넥터를 점검하도록 한다.

3-1 파워 윈도우, 전조등, 와이퍼 회로 점검

(1) 파워 윈도우 회로 점검

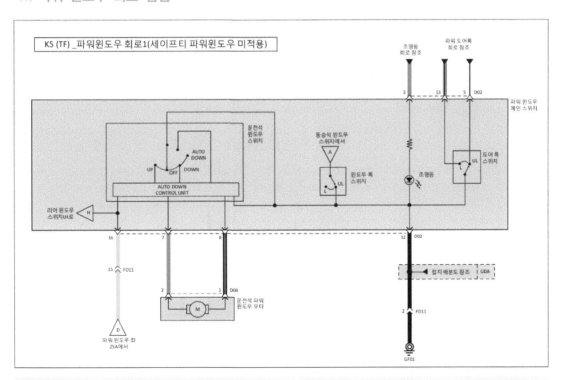

회로설명 파워 윈도우의 메인스위치 전원은 상시 전원을 거쳐 파워 윈도우 좌 25A 퓨즈를 통해 공급받는다. 점검의 순서는 운전석, 동승석, 리어 윈도우 LH, RH 순으로 각 스위치를 조작하여 불량요소를 확인하고 고장부분을 찾아가야 한다.

① 파워 윈도우 좌 25A 퓨즈의 상태(단선, 탈거)를 점검한다.

② 파워 윈도우 메인스위치에서 운전석에 대한 파워 윈도우의 UP, DOWN, AUTO DOWN 스위치를 조작하여 작동상태를 점검한다.

　운전석이 정상적으로 작동하는 경우 ⑥항으로 이동하며, 동승석도 정상적으로 작동하는 경우 ⑪항으로 이동하여 점검한다.

③ 운전석 파워 윈도우가 UP 또는 DOWN, AUTO DOWN 중 일부는 동작을 하고 일부가 동작을 하지 않는다면 파워 윈도우 메인스위치 불량이다.

④ 운전석 파워 윈도우가 전혀 동작을 하지 않는다면 운전석 파워 윈도우 모터 커넥터 상태를 점검하여 양호한 경우 운전석 파워 윈도우 모터 불량이다.

⑤ 모든 도어의 파워 윈도우가 작동을 하지 않을 경우 운전석 B필러를 탈거하여 접지 GF01의 상태를 점검하고, 양호한 경우 운전석 도어의 중간 커넥터 FD11의 2번 단자를 점검한다.

⑥ 파워 윈도우 메인스위치에서 동승석 파워 윈도우를 UP, DOWN시켜 작동여부를 점검한다. 정상 작동을 하는 경우 ⑪항으로 이동하여 점검한다.

　작동이 안 되는 경우 윈도우 록 스위치가 눌러 있는지 확인한다. 이때 리어 파워 윈도우가 LH와 RH 모두 작동을 하지 않는 경우 윈도우 록 스위치 불량이다.

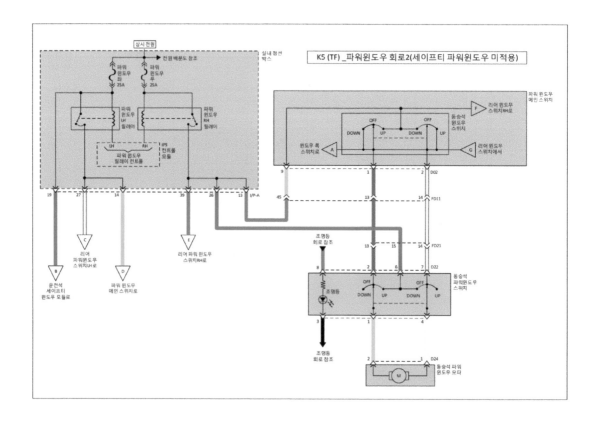

⑦ 파워 윈도우 메인스위치에서 동승석 파워 윈도우가 작동하지 않을 경우 실내정션 박스내 파워 윈도우 우 25A 퓨즈의 상태(단선, 탈거)를 점검하고, 리어 파워윈도우 RH를 작동 시켜 동작이 안 되면 파워 윈도우 RH 릴레이 불량이다.

⑧ 동승석의 파워 윈도우 스위치에서 작동을 시켜 동작이 되면 파워 윈도우 메인스위치 불량이다.

⑨ 동승석의 파워 윈도우 스위치에서도 작동이 되지 않는 경우 스위치를 탈거하여 커넥터 상태를 점검하고 양호한 경우 D22 2번과 7번 단자에서 전원공급여부를 점검한다.
전원공급이 안 되면 중간 커넥터 FD11과 FD21의 13번과 14번 단자의 핀 밀림 또는 단자 탈거 상태를 점검한다.

⑩ 상기 ⑨항에서 전원이 공급되는 경우 동승석 파워윈도우 모터의 커넥터 상태를 점검하여 양호하면 커넥터를 탈거하고 D24의 1번과 2번 단자에서 작동 중 전원이 공급되면 동승석 파워윈도우 모터 불량이며, 전원이 공급되지 않을 경우 동승석 파워윈도우 스위치 불량이다.

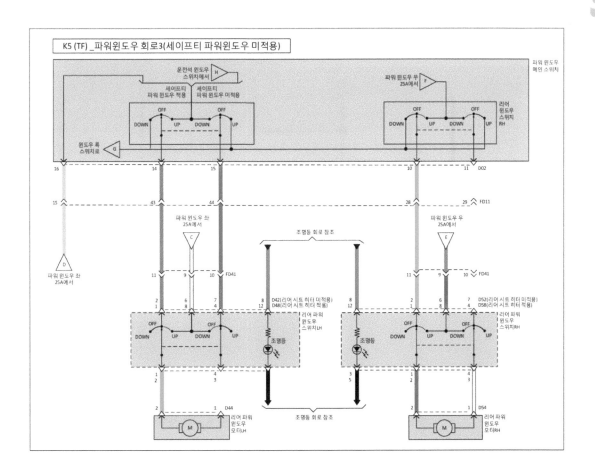

⑪ 리어 파워윈도우 LH와 RH 중 작동이 되지 않는 부분에 대하여 점검을 하며, 해당 리어 파워윈도우 스위치를 탈거하여 커넥터의 상태를 점검하고, 커넥터가 정상적으로 체결된 경우 스위치를 작동시키면서 파워 윈도우 메인 스위치로 전원공급여부를 점검하여 전원 공급이 안 되는 경우 중간 커넥터 해당 단자의 핀 밀림 또는 탈거를 점검한다.

⑫ 상기 ⑪항에서 전원공급이 되면 해당 리어 파워윈도우 모터를 탈거하고 커넥터 상태를 점검하여 커넥터의 체결상태가 양호하면 해당 스위치를 작동시키면서 하니스 측에서 전원공급 여부를 점검한다.

⑬ 상기 ⑫항에서 전원공급이 되면 해당 리어 파워윈도우 모터불량이며, 전원공급이 안 되는 경우 해당 리어 파워윈도우 스위치 불량이다.

⑭ 고장원인을 찾은 경우 문제지에 고장부분과 내용 및 상태를 기록하고 다음의 회로를 점검한다.

(2) 전조등 회로 점검

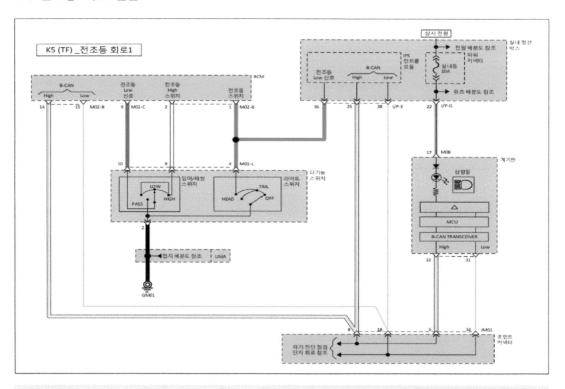

회로설명 주어진 차량에서 상향등을 작동시키고 계기판내 상향등 인디게이터의 점등여부를 통해 실내정션 박스내 파워커넥터의 실내등 10A 퓨즈 점검을 생략할 수 있으며, 전조등의 점등 상태를 통해 쉽게 점검이 가능하다.

① 상향등을 작동시켜 계기판내 인디게이터 점등을 점검한다. 미점등시 실내정션 박스내 파워 커넥터의 실내등 10A 퓨즈의 상태(단선, 탈거)를 점검한다.

② 전조등 전체가 점등되지 않을 경우 다기능 스위치 M01-L 커넥터의 상태를 점검한다.

③ HID의 경우 운전석 B필러를 탈거하고 접지 GF01의 상태를 점검한다.

④ 전조등 전체가 점등되는 경우 다기능 스위치에서 딤머/패싱 스위치를 작동시켜 작동이 안 되는 경우 다기능 스위치 불량이다.

⑤ 어느 한 쪽의 전조등(HI, LO)이 점등되지 않은 경우 엔진룸 퓨즈 & 레이박스의 IP B+3 50A(전조등 LH 미점등시), MULTI FUSE IP B+2 60A(전조등 RH 미점등시) 퓨즈 상태를 점검한다.

⑥ 해당 전조등의 커넥터 상태 및 접지 GE04(전조등 RH 미점등시)상태를 점검한다.

⑦ 어느 한 쪽의 HI 또는 LO만 작동하지 않는 경우 해당 전구의 상태(단선, 탈거, 이물질유입)와 해당 커넥터 핀의 밀림, 단자 탈거 상태를 점검한다.

⑧ 전조등 LH의 경우 HI 미점등시 접지 GE01를, LO 미점등시 접지 GE02의 체결상태, 이물질 유입을 점검한다.

⑨ 고장원인을 찾은 경우 문제지에 고장부분과 내용 및 상태를 기록하고 다음의 회로를 점검한다.

Section

03

전기

(3) 와이퍼 회로 점검

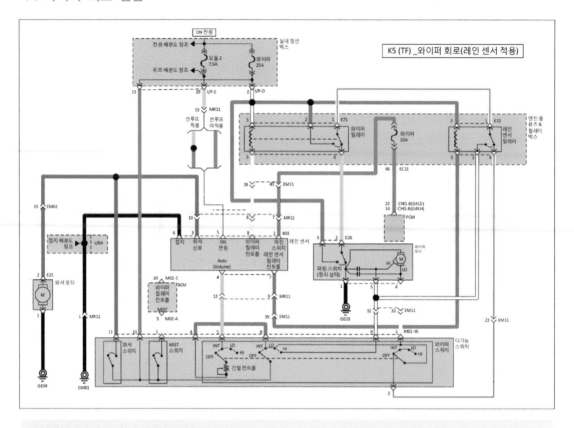

회로설명 레인센서가 적용된 차량으로 IG ON상태로 점검하며 와이퍼를 작동시켜 미작동인지 작동은 되나 파킹(정지상태)불량인지를 점검하는 것이 빠르게 회로를 점검할 수 있다.

① IG ON상태로 하고 와이퍼를 작동시킨다. 와이퍼가 작동하지 않을 경우 ⑨항으로 이동하여 점검한다. 특정 기능(파킹 제외)만 작동하지 않는 경우 ⑮항으로 이동하여 점검한다.

② 작동은 되나 파킹(정지상태)불량이면 엔진룸 퓨즈 & 릴레이 박스내 와이퍼 릴레이의 이종품(4Pin 여부), 레인센서 릴레이의 이종품, 와이퍼 10A 퓨즈의 상태를 점검한다.

③ 와이퍼가 정상적으로 작동하는 경우 다기능 스위치의 와셔 스위치를 작동시켜 와셔 모터가 작동되는지 점검한다.

④ 와셔 모터의 커넥터 상태를 점검하고 양호한 경우 와셔 모터 커넥터 2번 단자에서 와셔 모터 스위치 작동시 전원이 공급되는지 점검한다.

⑤ 와셔 모터의 커넥터 1번 단자와 차체간 접지 상태를 점검한다.

⑥ 상기 ④항에서 전원이 공급되지 않을 경우 다기능 스위치 11번 단자에서 전원 공급여부를 점검하여 다기능 스위치 불량인지 하니스 불량인지 점검한다.

⑦ 상기 ⑤항에서 접지 불량시 GE04의 접지 체결상태 및 이물질유입을 점검한다.

⑧ 상기 ④항과 ⑤항이 양호한 경우 와셔 모터 불량이다.

⑨ 실내정션 박스내 와이퍼 25A 퓨즈와 모듈2 7.5A 퓨즈의 상태, 다기능 스위치 커넥터와 레인센서 커넥터 상태를 점검한다.

⑩ 엔진룸 퓨즈 & 릴레이 박스내 와이퍼릴레이의 탈거여부 및 와이퍼 모터 커넥터의 상태를 점검한다.

⑪ 와이퍼 커넥터의 체결상태가 양호한 경우 커넥터를 탈거하여 1번 단자와 차체간의 접지 상태를 점검한다.

⑫ 상기 ⑪항의 접지가 불량한 경우 동승석 블로어 모터 부근의 접지 GE03의 상태를 점검한다.

⑬ 레인센서 커넥터를 탈거하고 5번과 8번 단자에서 전원공급여부를 점검한다.

⑭ 레인센서 커넥터의 6번 단자에서 접지상태를 점검한다.

⑮ 와이퍼 모터 커넥터를 탈거하고 4번과 5번 단자에서 HI와 LO 작동시 전원공급여부를 점검 한다.

⑯ HI와 LO 작동시 전원 공급이 안 되는 경우 다기능 스위치 불량이며, 전원이 공급되면 와이퍼 모터 불량이다.

⑰ 고장원인을 찾은 경우 위의 2개의 회로 점검 결과와 함께 감독위원에게 고장요소를 확인받고 답안지를 작성하여 제출한다.

(4) 답안지

➡ 전기_점검_회로 점검_공란

항 목	① 점검(원인부위)		② 내용 및 정비(또는 조치)사항
	고장부분	원인내용및상태	정비 및 조치할 사항
파워윈도우 회로			
전조등 회로			
와이퍼 회로			

자동차정비기능장의 길

(5) 답안지 작성

전기_점검_회로 점검_작성 예

항 목	① 점검(원인부위)		② 내용 및 정비(또는 조치)사항
	고장부분	원인내용및상태	정비 및 조치할 사항
파워윈도우 회로	도어록스위치	단선	파워 윈도우 메인 스위치 교환 후 재점검
전조등 회로	리어윈도우 모터H	커넥터 탈거	커넥터 체결후 재점검
와이퍼 회로	와이퍼 릴레이	이종품장착	규정 릴레이 장착 후 재점검

3-2 방향지시등, 블로어 모터, 에어컨 및 공조 회로 점검

(1) 방향지시등 회로

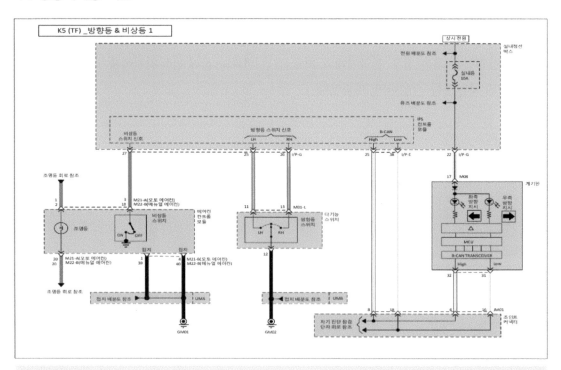

회로설명 실내정션 박스 내 실내등 10A 퓨즈를 먼저 점검할 수도 있으나 방향등 스위치 작동 시 계기판내 방향지시등이 점멸된다면 실내등 퓨즈를 점검하지 않아도 되며, 비상등 스위치가 별도로 작동되어 비상등 스위치에 의해 방향지시등에 영향을 주지 않으므로 회로점검에서 생략해도 된다.

① 다기능 스위치를 LH와 RH방향으로 작동시켜 계기판내 방향지시등이 어느 방향이든 점멸되는 경우 실내정션 박스내 실내등 10A 퓨즈의 점검은 생략한다. 방향지시등이 한 방향이라도 점멸 시 ⑦항으로 이동하여 점검한다.

② 상기 ①항에서 방향지시등이 양쪽 모두 점멸되지 않을 경우 실내정션 박스내 실내등 10A 퓨즈의 상태(단선, 탈거)를 점검한다.

③ 다기능 스위치(M01-L)의 커넥터 상태(핀 밀림, 핀 탈거, 커넥터 탈거)를 점검한다.

④ 커넥터를 탈거한 상태에서 하니스 측의 11번과 13번 단자에서 전원이 공급되는지 점검한다.

⑤ 12번 단자에서 접지상태를 점검한다.

⑥ 다기능 스위치의 단품상태로 LH와 RH 방향으로 조작하면서 11번과 12번, 13번과 12번과의 통전 상태를 점검한다.

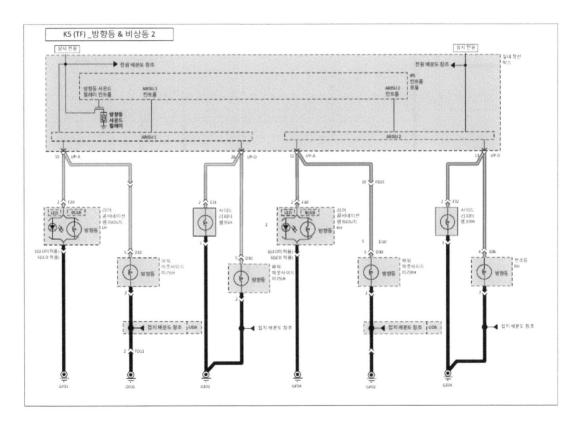

⑦ 다기능 스위치를 각각 LH와 RH 방향으로 작동시켜 전조등, 사이드 리피터 램프, 파워 아웃사이드 미러, 리어콤비네이션내의 각각의 방향지시등이 점멸되는지를 점검하여 작동하지 않는 위치를 확인하고 해당 램프의 커넥터 상태, 전구의 단선, 탈거, 이물질유입을 점검한다.

⑧ 해당 커넥터를 탈거하고 전원과 접지상태를 점검하여 불량시 중간 커넥터의 해당 단자에 대한 핀의 밀림, 단자 탈거를 점검하고, 접지의 경우 각 접지 볼트를 체결상태 및 이물질 유입에 대한 점검을 한다.

⑨ 고장원인을 찾은 경우 문제지에 고장부분과 내용 및 상태를 기록하고 다음의 회로를 점검한다.

(2) 블로어 모터 회로 점검

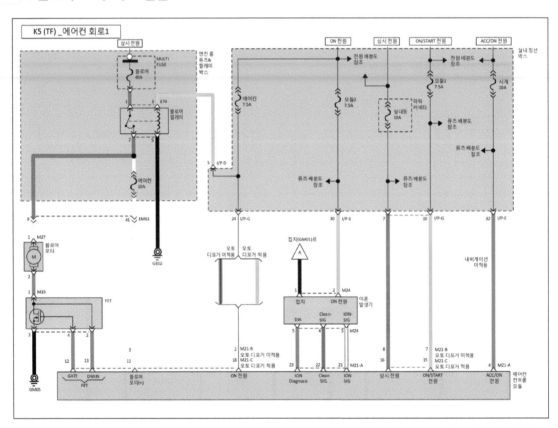

> **회로설명** 블로어 모터의 회로가 에어컨 회로의 일부분으로 블로어 릴레이를 탈거하여 점검 하는 것이 시간을 절약하는 방법이다.

① IG를 ON상태로 하고 AUTO 모드 버튼을 누른다. IG ON시 블로어 릴레이 3번 단자에 전원이 공급되므로 상시 전원인 1번 단자와 함께 전원공급여부를 점검한다. 1번 단자에 전원이 공급되지 않으면 엔진 룸 퓨즈 & 릴레이 박스내 블로어 40A 퓨즈를 점검하고, 3번 단자에 전원이 공급되지 않으면 실내정션 박스내 에어컨 7.5A 퓨즈 상태를 점검한다.

② 5번 단자에서 접지 상태를 점검한다.

③ 블로어 릴레이를 장착하고 블로어 모터의 커넥터 1번 단자에서 전원이 공급되는지 점검하여 전원이 오지 않을 경우 중간 커넥터인 EM61의 9번 단자의 핀 밀림 또는 단자 탈거 여부를 점검한다. 9번 단자에서 전원이 공급되지 않으면 블로어 릴레이 불량이다.

④ 블로어 모터 2번 단자에서 전원 전압이 검출되지 않으면 블로어 모터 불량이다.

⑤ FET 커넥터를 탈거하고 3번 단자에서 접지 상태를 점검하여 양호한 경우 엔진 룸 퓨즈 & 릴레이 박스내 에어컨 10A 퓨즈의 상태를 점검하여 양호하다면 FET 불량이다.

⑥ 고장원인을 찾은 경우 문제지에 고장부분과 내용 및 상태를 기록하고 다음의 회로를 점검한다.

(3) 에어컨 및 공조회로 점검

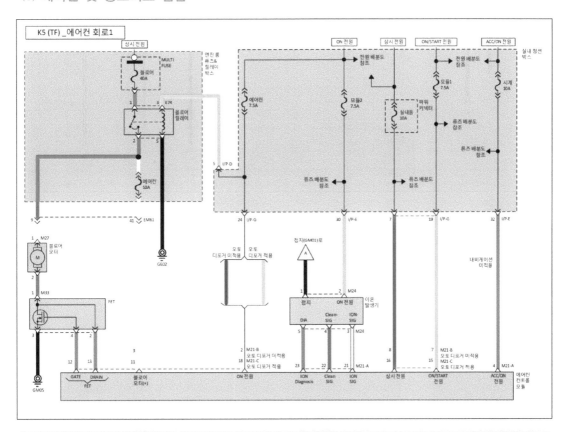

회로설명 상기 회로에서 이미 엔진 룸 퓨즈 & 릴레이 박스내 블로어 40A 퓨즈와 에어컨 10A 퓨즈, 실내정션 박스내 에어컨 7.5A 퓨즈는 점검하였으므로 생략하도록 한다.

① 실내정션 박스내 모듈1 7.5A 퓨즈와 모듈2 7.5A 퓨즈, 실내등 10A 퓨즈, 시계 10A 퓨즈의 상태(단선, 탈거)를 점검한다.

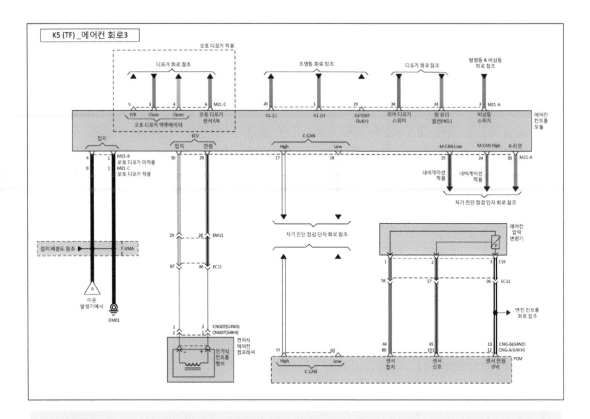

회로설명 전자식 에어컨 컴프레서 및 에어컨 압력변환기가 적용되어 있으며 CAN통신에 의해 상호 정보를 송수신하여 작동되므로 진단기가 주어지면 진단기를 통한 점검을 하도록 한다.

② 전자식 에어컨 컴프레서의 커넥터와 에어컨 압력 변환기의 커넥터 상태를 점검한다.

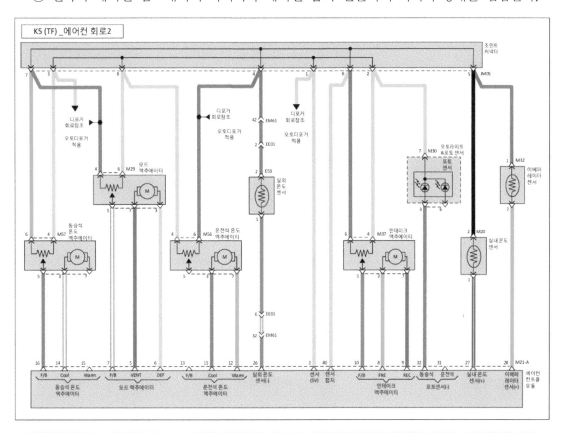

회로설명 회로내 부품의 위치 중 모드 액츄에이터, 운전석 온도 액츄에이터, 인테이크 액츄에이터, 오토라이트 & 포토센서는 사실상 위치적으로 많은 부분을 탈거해야 점검이 가능하거나 탈거하기가 쉽지가 않다. 물론 상기 부품에 대한 문제가 결코 안 나온다는 보장은 할 수 없겠으나 배제될 가능성이 크다.

③ 실외온도 센서, 이베퍼레이터 센서, 실내온도 센서, 동승석 온도 액츄에이터 순으로 커넥터의 상태(커넥터 탈거, 핀 밀림, 단자 탈거)를 점검한다.

④ 고장원인을 찾은 경우 위의 2개의 회로 점검 결과와 함께 감독위원에게 고장요소를 확인받고 답안지를 작성하여 제출한다.

(4) 답안지

☝ 전기_점검_회로 점검_공란

항 목	① 점검(원인부위)		② 내용 및 정비(또는 조치)사항
	고장부분	원인내용및상태	정비 및 조치할 사항
에어컨 및 공조 회로			
방향지시등 회로			
블로어모터 회로			

(5) 답안지 작성

☝ 전기_점검_회로 점검_작성 예

항 목	① 점검(원인부위)		② 내용 및 정비(또는 조치)사항
	고장부분	원인내용및상태	정비 및 조치할 사항
에어컨 및 공조 회로	외기온도센서	커넥터 탈거	커넥터 체결 후 재점검
방향지시등 회로	전조등RH	방향등 전구단선	전구 교환후 재점검
블로어모터 회로	FET	커넥터 탈거	커넥터 체결 후 재점검

3-3 정지등, 실내등, 사이드 미러 회로 점검

(1) 정지등 회로 점검

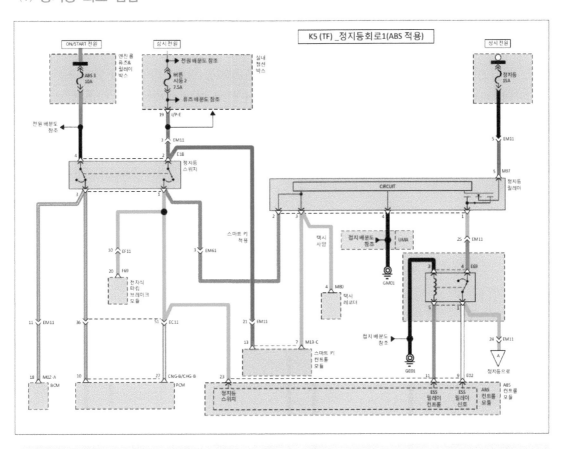

회로설명 정지등 스위치는 페달이 작동되지 않을 경우 2번과 1번 단자는 open되고 4번과 3번 단자는 close상태로 있다가 브레이크 페달을 작동시키면 2번과 1번 단자는 close되고 4번과 3번 단자는 open되는 회로이다. E69 긴급제동 점멸등 릴레이는 긴급제동이 작동하는 경우 ABS 모듈의 ESS 릴레이 컨트롤에 의해 제동등을 자동으로 점멸하는 릴레이이며 평상시는 항상 회로가 연결되어 있다. 정지등의 회로 점검에는 브레이크 고정기를 요구하여 사용하거나 또는 조교에게 브레이크 페달을 밟아 달라고 요구하여 점검을 하는 것이 바람직하다.

① 브레이크 페달을 밟아 제동등 중 어느 하나라도 점등되는지 점검한다. 일부라도 제동등 이 점등된다면 상기 회로에는 불량요소가 없으므로 아래의 회로도를 보고 점검을 하도록 한다. 제동등이 하나로도 점등되면 아래의 ⑤번 항목으로 이동하여 점검한다.

② 정지등의 구성품 모두가 점등되지 않는 다면 실내정션 박스내 버튼 시동2 7.5A 퓨즈의 상태(단선, 탈거)와 엔진룸 퓨즈 & 릴레이 박스내 정지등 15A 퓨즈의 상태(단선, 탈거) 를 점검한다.

③ 정지등 스위치 커넥터의 탈거 여부와 핀 밀림 상태를 점검하고 브레이크 페달을 밟았을 때 푸시로드 길이 조정불량에 의한 정지등 스위치의 작동불량을 점검한 후 LED 배선테스터기를 사용하여 정지등 1번 단자에 브레이크 스위치를 작동시키면서 전원이 공급되는지 점검하여 전원이 공급되지 않을 경우 브레이크 스위치 불량이다.

④ EM11 중간 커넥터의 탈거여부를 점검하고 브레이크 스위치 작동시 25번 단자에서 전원 공급 여부를 점검하여 전원이 공급되지 않을 경우 정지등 릴레이의 커넥터 탈거 또는 불량이며, 전원이 공급되면 긴급제동 점멸등 릴레이의 탈거 또는 불량이거나 이종품 장착이다.

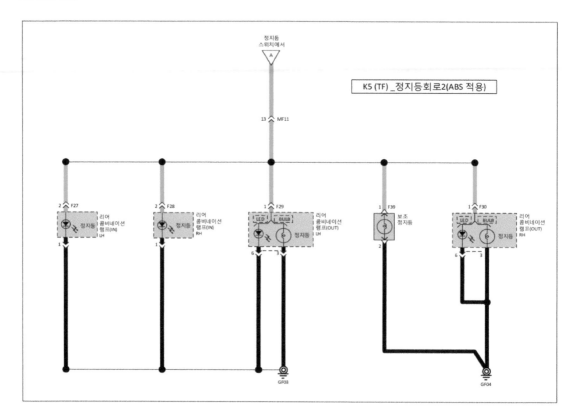

⑤ 정지등의 구성은 리어콤비네이션 램프 LH와 RH의 IN, OUT과 보조 정지등으로 되어 있으며, 접지는 GF03과 GF04로 되어 있으며, GF03의 접지는 리어콤비네이션 램프 LH와 RH의 IN과 LH의 OUT 램프가 같이 구성되어 있고 GF04는 리어콤비네이션 램프 RH의 OUT와 보조 제동등이 같이 연결되어 있다. 따라서 접지와 연결된 램프 모두가 들어오지 않는 다면 접지 상태를 점검하도록 한다.

⑥ 점등되지 않는 제동등에 대한 전구의 탈거, 단선, 이물질 유입, 커넥터 탈거상태를 점검하며, 고장원인을 찾은 경우 문제지에 고장부분과 내용 및 상태를 기록하고 다음의 회로를 점검한다.

(2) 실내등 회로 점검

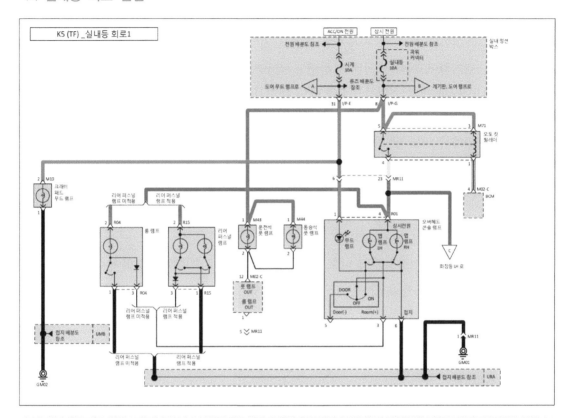

K5 (TF) _실내등 회로1

회로설명 실내등 회로의 구성품은 실내등 퓨즈를 비롯하여 해당 차량의 특성상 많은 램프류를 포함하고 있어 회로의 점검에 다른 회로보다 많은 시간이 소요될 수 있다. 따라서 시험 전 회로도를 사전에 분석하여 키포인트를 잡아야 하므로 연습에 많은 시간이 필요한 항이다.

① 실내정션 박스내 파워커넥터의 실내등 10A 퓨즈와 시계 10A 퓨즈의 상태(단선, 탈거)를 점검한다.

② 오버헤드콘솔램프의 맵램프 LH와 RH를 작동시켜 맵램프의 점등여부를 점검하여 양쪽 모두 점등되면 ⑥항으로, 모두 점등되지 않을 경우 ④항으로 이동하여 점검한다.

③ 맵램프가 한 쪽만 점등되는 경우 점등되지 않은 방향의 맵램프 커버를 탈거하여 맵램프 전구의 탈거, 단선, 이물질유입을 점검한다.

④ 상기 ②항에서 맵램프가 모두 점등되지 않을 경우 오버헤드콘솔램프를 탈거하여 커넥터 상태를 점검하고 양호하다면 커넥터를 탈거하고 4번 단자에 전원이 공급되는지 점검한 다. 이때 전원이 공급되지 않을 경우 오토컷 릴레이 커넥터, 릴레이 이종품, 릴레이 불량 을 점검한다.

⑤ 상기 ④항에서 4번 단자에 전원이 공급되면 운전석 A필러를 탈거하고 MR11 커넥터의 1
번 단자 핀 밀림 또는 핀 탈거를 점검한다.

⑥ 룸램프 스위치를 ON으로 작동시켜 룸램프 점등여부를 점검하여 점등되지 않을 경우 룸
램프를 탈거하여 커넥터 상태와 룸램프 전구의 단선, 탈거, 이물질 유입을 점검한다.

⑦ 오버헤드콘솔램프의 스위치를 DOOR로 위치시키고 운전석과 동승석의 풋램프 점등여부
를 점검한다. 양쪽 모두 점등되면 ⑨항으로 이동하여 점검한다.

⑧ 상기 ⑦항에서 어느 한 쪽의 풋램프가 점등되지 않을 경우 해당 풋램프의 커넥터, 전구
의 단선, 탈거, 이물질유입을 점검한다.

⑨ IG를 ACC 또는 ON으로 하고 크러쉬패드무드램프가 점등되는지 점검하여 점등되지 않
을 경우 크러쉬패드무드램프의 커넥터, 전구의 단선, 탈거, 이물질유입을 점검하고 양호
하면 접지 GM02를 점검한다.

⑩ 이상의 점검에서 고장원인이 나오지 않을 경우 다음의 회로를 참고하여 분석하며, 원인
이 나왔다면 잘 기록을 한 후 사이드미러 회로 점검으로 이동하여 점검을 한다.

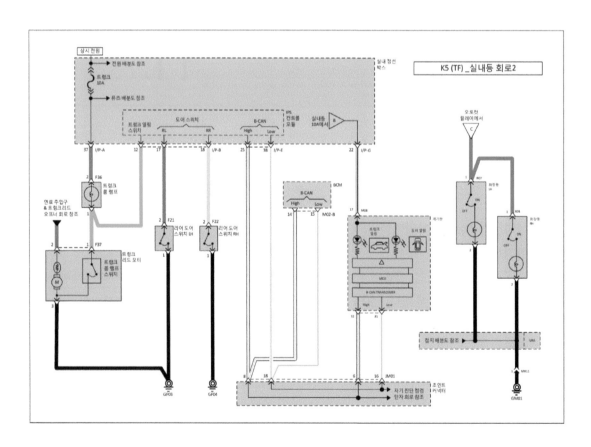

⑪ 화장등 LH와 RH를 작동시켜 점등여부를 점검하여 어느 한 쪽만 점등되는 경우 해당 화
장등에 대한 커넥터, 전구의 단선, 탈거, 이물질유입을 점검한다.

⑫ 실내정션 박스내 트렁크 10A 퓨즈의 상태(단선, 탈거)를 점검한다.

⑬ 트렁크가 닫혀 있다면 트렁크를 버튼을 눌러 열고 트렁크 룸램프 점등여부를 점검한다.
점등되지 않을 경우 트렁크 룸램프를 탈거하고 커넥터, 전구의 단선, 탈거, 이물질유입
을 점검하고 양호하다면 트렁크 리드 모터를 탈거하고 트렁크 룸램프 스위치를 작동한
상태로 1번 단자와 3번 단자의 통전을 점검 하여 통전이 안 되면 트렁크 리드 모터내 트
렁크 룸램프 스위치 불량이다.

⑭ 상기 ⑬항에서 버튼으로 트렁크가 열리지 않아 Key로 트렁크를 열거나, 트렁크가 열려
있는 경우 트렁크 룸램프 점등여부를 점검한다.

⑮ 트렁크 룸램프가 점등되지 않을 경우 트렁크 리드 모터를 탈거하고 커넥터의 상태를 점
검한다.

⑯ 트렁크 리드 모터의 커넥터 체결이 양호한 경우 커넥터를 탈거하고 트렁크 룸램프 스위
치를 누른 상태에서 1번 단자와 3번 단자의 통전을 점검하고 양호하면 접지 GF03을 점
검한다. 통전이 안 되면 트렁크 리드 모터내 트렁크 룸램프 스위치 불량이다.

⑰ 이상의 점검에서 고장원인이 나오지 않을 경우 다음의 회로를 참고하여 분석하며, 원인
이 나왔다면 잘 기록을 한 후 사이드미러 회로 점검으로 이동하여 점검을 한다.

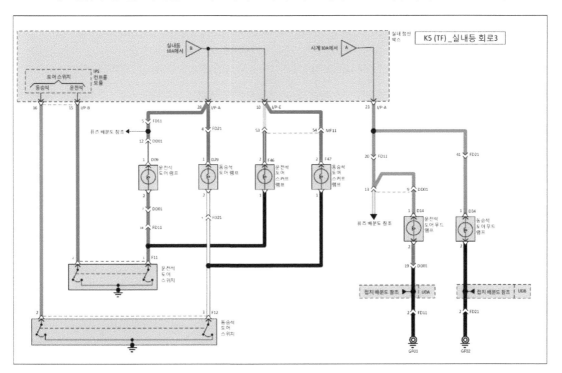

⑱ 운전석 도어를 열고 운전석 도어램프와 스카프 램프의 점등여부를 점검하여 모두 점등되지 않을 경우 운전석 도어스위치 커넥터 상태를 점검한다.

⑲ 상기 ⑱항에서 어느 하나만 점등되는 경우 점등되지 않은 램프를 탈거하여 커넥터, 전구의 단선, 탈거, 이물질유입을 점검한다.

⑳ 운전석 도어 무드램프의 경우 IG ACC 또는 ON상태에서 점등되며 점등되지 않을 경우 운전석 도어 무드램프를 탈거하고 커넥터, 전구의 단선, 탈거, 이물질유입을 점검한다.

㉑ 상기 ⑳항에서의 점검이 양호하다면 접지 GF01를 점검한다.

㉒ 동승석 도어를 열고 동승석 도어램프와 스카프 램프의 점등여부를 점검하여 모두 점등되지 않을 경우 동승석 도어스위치 커넥터 상태를 점검한다.

㉓ 상기 ㉒항에서 어느 하나만 점등되는 경우 점등되지 않은 램프를 탈거하여 커넥터, 전구의 단선, 탈거, 이물질유입을 점검한다.

㉔ 동승석 도어 무드램프의 경우 IG ACC 또는 ON상태에서 점등되며 점등되지 않을 경우 동승석 도어 무드램프를 탈거하고 커넥터, 전구의 단선, 탈거, 이물질유입을 점검한다.

㉕ 상기 ㉔항에서의 점검이 양호하다면 접지 GF02를 점검한다.

㉖ 고장원인을 찾은 경우 문제지에 고장부분과 내용 및 상태를 기록하고 다음의 회로를 점검한다.

(3) 사이드미러 회로 점검

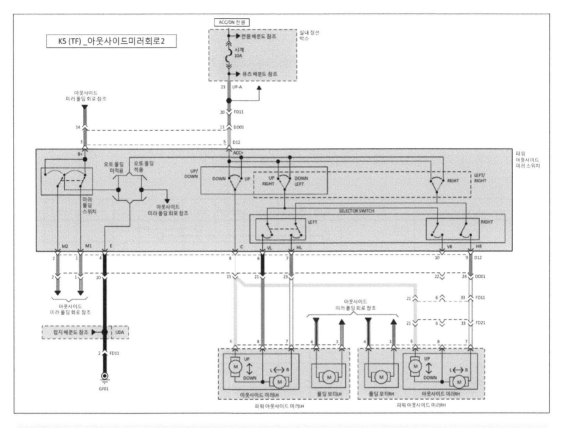

> **회로설명** 사이드미러 회로의 점검은 IG ACC/ON 상태에서 점검을 하며 사이드미러에 대한 UP, DOWN, RIGHT, LEFT, 폴딩, 언폴딩에 대한 TABLE을 참조하여 분석하여야 한다.
> 앞서 점검한 실내등 회로에서 실내정션 박스내 시계 10A 퓨즈를 점검하였으므로 점검을 생략한다.

① 파워 아웃사이드 미러 스위치에서 LH와 RH에 대한 UP, DOWN, LEFT, RIGHT, 폴딩, 언폴딩을 조작하여 작동이 되지 않는 요소를 찾아낸다. 일부라도 동작이 되는 경우 ⑦항으로 이동하여 점검한다.

② 상기 ①항에 대하여 모두 동작이 되지 않을 경우 파워 아웃사이드 미러 스위치를 탈거하고 D12 커넥터 상태를 점검한다.

③ 상기 ②항의 점검결과 커넥터 상태가 양호한 경우 커넥터를 탈거하고 5번 단자에서 전원 공급여부를 점검하여 전원이 공급되지 않을 경우 중간 커넥터인 FD11의 20번 단자와 DD01의 13번 단자에 대한 핀 밀림 또는 단자 탈거 상태를 점검한다.

⑤ D12 5번 단자에 전원이 공급되면 4번 단자와 차체간의 접지 상태를 점검한다. 접지가 양호한 경우 파워 아웃사이드 미러 스위치 불량이다.

⑥ 접지가 불량한 경우 운전석 B필러를 탈거하고 GF01의 체결상태 및 이물질유입을 점검하고 양호한 경우 중간 커넥터인 DD01의 20번, FD11의 2번 단자에 대한 핀 밀림 또는 단자 탈거상태를 점검한다.

⑦ 파워 아웃사이드미러 LH 또는 RH중 어느 한 쪽이 UP, DOWN, LEFT, RIGHT, 폴딩, 언폴딩의 모든 동작이 안 되는 경우 해당 커넥터의 상태를 점검한다.
폴딩과 언폴딩 기능만 작동이 안 되는 경우 ⑨항으로 이동하여 점검한다.

⑧ 파워 아웃사이드미러 스위치를 탈거하고 멀티미터의 통전모드를 사용하여 TABLE을 보고 작동이 불량한 요소의 단자간 통전상태를 점검한다.

CLASS	DIF	VL(6)	HL(7)	VR(10)	HR(9)	C(8)	ACC+(5)	E(4)	B+(3)	M1(1)	M2(2)
LEFT	UP	○	○			○	○	○			
	DOWN	○	○			○	○	○			
	OFF	○	○			○	○				
	LEFT	○	○			○	○	○			
	RIGHT	○	○			○	○	○			
RIGHT	UP			○	○	○		○			
	DOWN			○	○	○	○	○			
	OFF			○	○		○	○			
	LEFT			○	○	○	○	○			
	RIGHT			○	○	○	○	○			
UNFOLDING								○	○	○	○
FOLDING								○	○	○	○

E(4)와 통전이 되는 부분이 접지이며, ACC+(5)와 연결되는 부분과 B+(3)과 연결되는 부분이 전원 공급라인이다.

상기 TABLE을 보면 예를 들어 LEFT의 DOWN이 작동되지 않을 경우 VL(6)과 HL(7), E(4)가 서로 통전이 되어야 하고 C(8)과 ACC+(5)가 통전이 되어야 한다.

상기 TABLE과 같이 통전이 되지 않을 경우 파워 아웃사이드미러 스위치 불량이다.

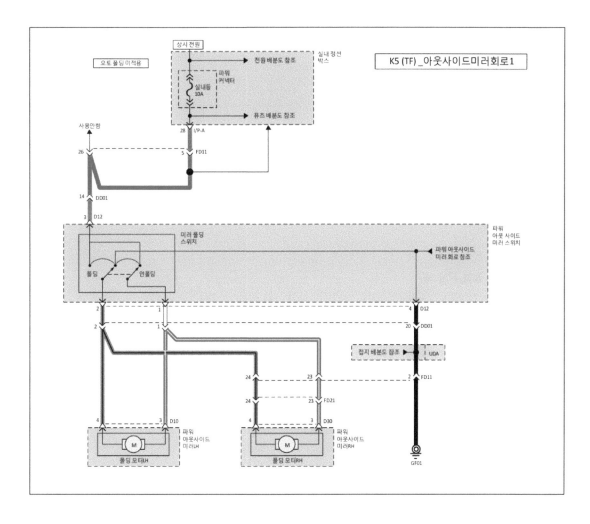

⑨ 폴딩, 언폴딩 기능만 작동하지 않을 경우 실내정션 박스의 파워커넥터내 실내등 10A 퓨즈의 상태(단선, 탈거)를 확인하고 양호한 경우 해당 파워 아웃사이드미러의 폴딩 모터 커넥터 상태를 점검한다.

⑩ 상기 ⑨항의 점검결과 양호한 경우 ⑧항의 TABLE상의 폴딩과 언폴딩에 대한 해당 단자 간 통전여부를 점검하여 통전이 안 되는 경우 파워 아웃사이드미러 스위치 불량이다.

⑪ 폴딩 또는 언폴딩 스위치를 작동시키면서 해당 파워 아웃사이드미러 폴딩 모터의 커넥터에서 전원공급여부를 점검하여 전원이 공급되지 않을 경우 중간 커넥터에 대한 해당 핀의 밀림이나 단자 탈거를 점검한다.

⑫ 상기 ⑪항에서 전원이 공급되는 경우 해당 파워 아웃사이드미러의 폴딩 모터 불량이다.

⑬ 고장원인을 찾은 경우 위의 2개의 회로 점검 결과와 함께 감독위원에게 고장요소를 확인 받고 답안지를 작성하여 제출한다.

(4) 답안지

전기_점검_회로 점검_공란

항 목	① 점검(원인부위)		② 내용 및 정비(또는 조치)사항
	고장부분	원인내용및상태	정비 및 조치할 사항
정지등 회로			
실내등 회로			
사이드미러 회로			

(5) 답안지 작성

전기_점검_회로 점검_작성 예

항 목	① 점검(원인부위)		② 내용 및 정비(또는 조치)사항
	고장부분	원인내용및상태	정비 및 조치할 사항
정지등 회로	정지등 릴레이	커넥터 탈거	커넥터 체결 후 재점검
실내등 회로	트렁크 룸램프	단선	전구 교환후 재점검
사이드미러 회로	접지(GF이)	체결불량	접지 체결 후 재점검

도난방지, 경음기, 열선 회로 점검

(1) 도난방지 회로점검

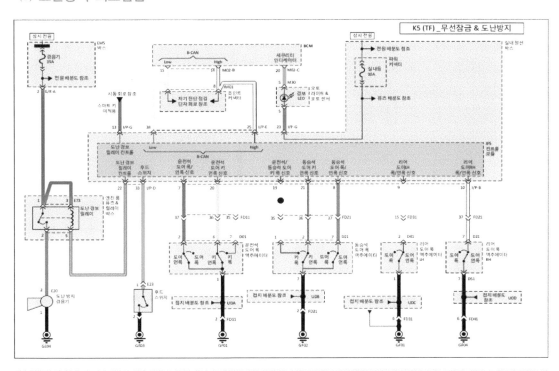

회로설명 도난방지 회로점검에 있어 도난방지가 작동하는 경우 도난방지 경음기의 작동소리로 인하여 시험장내 소음으로 사실상 시험이 불가하므로 실제 도난방지 감지로 인하여 경보가 작동하는 경우 도난방지 경음기의 커넥터(E20)를 탈거하거나 도난경보릴레이(E73)를 탈거하거나 또는 접지(GE04)를 탈거할 수 있으며 이는 시험 전 사전 설명에서 수검자들에게 설명을 할 것이다. 따라서 감독위원이 설명을 통하여 점검하지 말라고 하거나 이상 없는 것으로 간주하라고 하는 부분에 대하여 점검을 생략하도록 한다.

① 도난방지 경음기(E20)의 커넥터를 탈거하여 2번 단자에 전원이 공급된다면 도난방지가 작동 중이며 1번 단자와 접지(GE04)간의 통전 점검을 하여 통전이 안 되면 접지 불량, 통전이 되면 도난방지 경음기(E20)의 불량이다.

② 도난방지 경음기 2번 단자에 전원이 공급되지 않는 경우 도난경보릴레이(E73)를 탈거하여 1번과 3번 단자에 상시전원 공급이 안 되면 EMS박스 내 경음기 15A퓨즈를 점검한다.

③ 1번과 3번 단자에 전원이 공급되면 5번 단자와 차체간의 통전 검사를 하여 통전이 되면 도난경보릴레이(E73) 불량이며, 통전이 안 되면 실내 정선 박스 내 실내등 10A 퓨즈, IPS 커넥터, BCM 커넥터의 상태를 점검한다.

④ 고장원인을 찾은 경우 문제지에 고장부분과 내용 및 상태를 기록하고 다음의 회로를 점검한다.

(2) 경음기 회로 점검

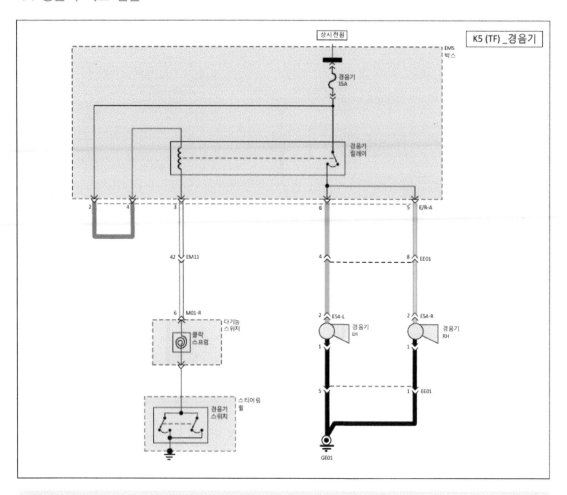

회로설명 전원의 공급과 접지상태에 대한 점검을 통하여 쉽게 고장을 판단할 수 있다.

① EMS박스 내 경음기 릴레이를 탈거하고 상시전원 2개소(전원공급라인, 릴레이 코일라인)의 전원 공급여부를 점검하여 2개소 모두 전원공급이 안되면 경음기 15A 퓨즈를 점검한다.

② 전원공급이 1개소만 공급되면 EMS박스의 E/R-A 커넥터 및 2번과 4번 단자 배선을 점검한다.

③ 경음기 릴레이를 장착하고 경음기 스위치를 작동하였을 때 EM11의 42번 단자와 차체 간의 통전상태를 점검한다. 통전이 안되면 다기능 스위치 체결상태 및 경음기 스위치를 점검한다.

④ 경음기(LH 또는 RH) 커넥터의 상태를 확인후 커넥터를 탈거하여 E54 2번 단자에 경음기 스위치 작동시 전원공급여부를 점검한다. 전원공급이 안되면 경음기 릴레이 불량이다.

⑤ 전원공급이 정상일 경우 접지(GE01)와 경음기의 1번 단자간 통전상태를 점검한다. 통전이 되면 경음기 불량이며, 통전이 안되면 접지(GE01) 상태와 EE01 중간 커넥터 상태를 점검한다.

⑥ 고장원인을 찾은 경우 문제지에 고장부분과 내용 및 상태를 기록하고 다음의 회로를 점검한다.

(3) 열선 회로 점검

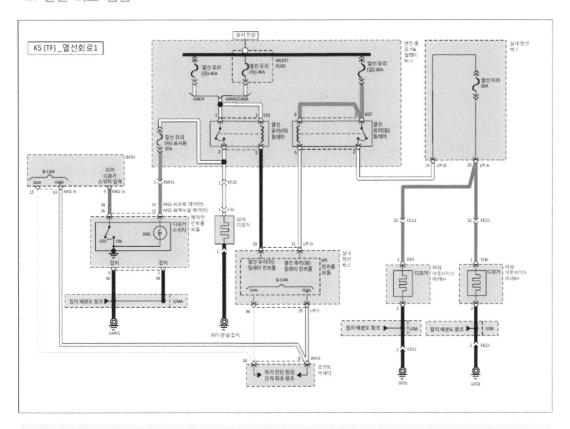

회로설명 열선회로는 생각보다 점검요소가 많다. 하지만 조건을 통해서 비교적 쉽게 점검이 가능하다. 진단 중 고장부분이 확인되면 더 이상의 점검은 필요하지 않다.

① IG ON 상태로 하고 프론트 및 리어 열선 스위치를 작동시킨다. 이때 열선유리(뒤) 표시등이 점등되는지를 확인하여 점등된다면 상시전원, 열선유리(뒤) 40A 퓨즈, 열선유리(뒤) 릴레이, 열선 유리 (뒤) 표시등 10A 퓨즈, 에어컨 컨트롤 모듈, 접지까지 양호함을 알 수 있다.

열선유리(뒤) 표시등이 점등되지 않을 경우 ⑤항으로 이동하여 점검한다.

② 실내정션 박스내 열선미러 10A 퓨즈 상태(단선, 탈거)를 확인하고 이상없다면 전원이 공급 여부를 점검한다. 전원이 들어오면 상시전원, 열선유리(앞) 20A 퓨즈, 열선유리(앞) 릴레이까지 양호함을 알 수 있다.

전원이 들어오지 않을 경우 ⑨항으로 이동하여 점검한다.

③ 파워 아웃 사이드 미러 LH, RH 커넥터의 상태 및 멀티미터의 통전모드에서 차체와 디포거 2번 단자간의 통전여부를 점검한다. 통전이 안되는 경우 해당되는 접지를 점검한다.

④ 리어 디포거의 커넥터 상태를 점검하고 멀티미터의 통전모드를 사용하여 차체와 리어 디포거 2번 단자간의 통전여부를 점검한다. 통전이 안되는 경우 해당되는 접지를 점검한다.

⑤ 엔진룸 퓨즈 & 릴레이 박스내 열선유리(뒤) 표시등 10A 퓨즈의 상태(단선, 탈거)를 점검하고 전원공급여부를 점검한다. 전원이 들어오면 상시전원, 열선유리(뒤) 40A 퓨즈, 열선유리(뒤) 릴레이까지 양호함을 알 수 있다.

전원이 들어오지 않을 경우 ⑦항으로 이동하여 점검한다.

⑥ 상기 ⑤항에서 전원이 공급되면 에어컨 컨트롤 모듈의 커넥터 상태 및 1번과 4번단자와 차체간의 통전여부를 멀티미터를 사용하여 점검하고 이상없다면 고장원인으로 디포거 스위치 불량을 확인한다.

⑦ 열선유리(뒤) 릴레이 상태(탈거)를 확인하고 릴레이를 탈거하여 1번과 3번 단자에서 전원공급 여부를 확인하여 공급이 안되면 열선유리(뒤) 40A 퓨즈 상태(단선, 탈거)를 점검한다.

⑧ 상기 ⑦항에서 전원이 공급되면 열선유리(뒤) 릴레이의 5번 단자와 차체간의 통전여부를 멀티미터를 사용하여 점검한다. 통전이 되면 고장부위는 열선유리(뒤) 릴레이 불량이다. 통전이 안되면 실내정션 박스 IPS 컨트롤 모듈의 상태(커넥터 탈거, 모듈 탈거)를 점검한다.

⑨ 엔진룸 퓨즈 & 릴레이 박스내 열선유리(앞) 릴레이 상태(탈거)를 점검하고 릴레이를 탈거하여 1번과 3번 단자에 전원공급여부를 점검한다. 전원이 공급되지 않을 경우 열선유리(앞) 20A 퓨즈 상태(단선, 탈거)를 점검한다.

⑩ 상기 ⑨항에서 전원공급이 되면 멀티미터를 사용하여 열선유리(앞) 릴레이의 5번 단자와 차체 간의 통전여부를 점검하고 통전이 되면 고장부위는 열선유리(앞) 릴레이이다.

통전이 되지 않을 경우 실내정션 박스 IPS 컨트롤 모듈의 상태(커넥터 탈거, 모듈 탈거)를 점검한다.

⑪ 고장원인을 찾은 경우 위의 2개의 회로 점검 결과와 함께 감독위원에게 고장요소를 확인받고 답안지를 작성하여 제출한다.

(4) 답안지

➥ **전기_점검_회로 점검_공란**

항 목	① 점검(원인부위)		② 내용 및 정비(또는 조치)사항
	고장부분	원인내용및상태	정비 및 조치할 사항
도난방지 회로			
경음기 회로			
열선 회로			

(5) 답안지 작성

➥ **전기_점검_회로 점검_작성 예**

항 목	① 점검(원인부위)		② 내용 및 정비(또는 조치)사항
	고장부분	원인내용및상태	정비 및 조치할 사항
도난방지 회로	도난경보릴레이	탈거	도난경보릴레이장착 후 재점검
경음기 회로	다기능 스위치	커넥터 탈거	커넥터체결 후 재점검
열선 회로	열선미러10A퓨즈	단선	퓨즈 교환 후 재점검

3-5 안전벨트, 에어백, 미등 회로 점검

(1) 안전벨트 회로점검

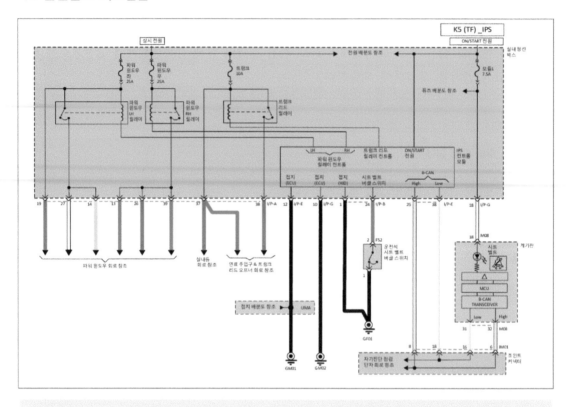

회로설명 안전벨트 회로는 점검 포인트가 단순한 회로이나 실내정션 박스의 커넥터나 계기판을 탈거하여 확인이 필요할 수 있으므로 사전에 충분한 연습이 필요하다.
커넥터의 경우 핀 밀림에 의한 접촉불량 여부를 커넥터 점검 시 같이 확인하여야 한다.

① IG ON시 계기판 시트벨트 경고등의 점등여부를 확인하여 점등이 되지 않을 경우 실내정션 박스내 모듈1 7.5A 퓨즈 상태(단선, 탈거)를 점검한다.

② 상기 ①항에서 시트벨트 경고등이 점등되는 경우 운전석 시트벨트 버클 스위치를 장착하여 경고등 소등여부를 점검한다. 소등되지 않을 경우 운전석 시트벨트 버클 스위치 커넥터 상태(탈거)를 확인하고 멀티미터를 사용하여 차체와 1번 단자간 통전여부를 점검한다. 통전이 안되면 GF01 접지 상태를 점검한다.

③ 실내정션 박스 I/P-E, I/P-G 커넥터 상태(탈거)를 점검하고 차체와 I/P-E 12번 단자, I/P-G 10번 단자간 통전여부를 점검한다. 통전이 안되면 해당 접지를 점검한다.

④ 계기판을 탈거하고 M08 커넥터 상태(탈거)를 점검한다. 차량에 따라서 계기판에서 인디
   게이터를 탈거할 수 있는 경우 인디게이터 전구의 단선 또는 탈거를 점검한다.

⑤ 고장원인을 찾은 경우 문제지에 고장부분과 내용 및 상태를 기록하고 다음의 회로를 점
   검한다.

(2) 에어백 회로점검

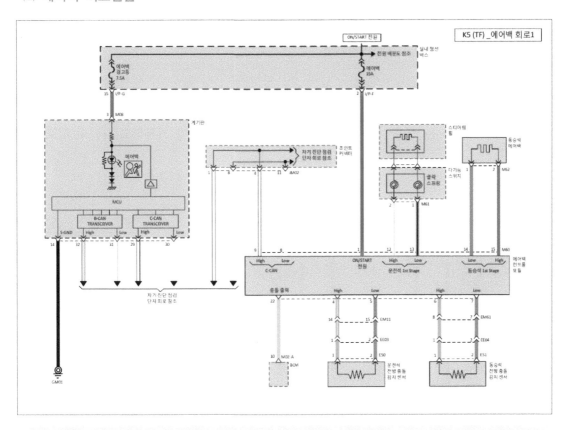

회로설명 에어백 회로의 점검에 있어 일반 전구테스터기를 사용하면 자칫 에어백 모듈의 손상과 에어백의 점화장치를
작동시켜 에어백이 전개되는 상황이 발생할 수 있으므로 반드시 LED 배선테스터기를 사용하며, 상태에 따라 진단기의
사용유무를 감독위원에게 확인하여 회로 점검을 할 수 있도록 한다.

① IG ON시 에어백 경고등이 점등 후 소등되는지의 여부를 점검한다. 이때 에어백의 경고
   등이 점등되지 않을 경우 실내정션 박스내 에어백 경고등 7.5A 퓨즈의 상태(단선, 탈거)
   를 점검한다.
   퓨즈의 상태가 양호할 경우 계기판을 탈거하여 M08 커넥터의 탈거 상태를 점검한다.

② 상기 ①항에서 에어백 경고등이 점등 후 소등이 되지 않는 경우 에어백 ECU내부에 고장

코드가 저장된 상태로 감독위원에게 진단기의 사용 가능여부를 확인하여 사용이 가능한 경우 고장 코드를 기점으로 관련된 부품에 대한 커넥터의 탈거 상태 등을 점검한다.

③ 진단기의 사용이 가능하며, 에어백의 통신이 되지 않을 경우 실내정션 박스내 에어백 15A 퓨즈의 상태(단선, 탈거)를 점검하고 이상이 없는 경우 하기 회로도의 에어백 컨트롤 모듈의 F15 커넥터의 탈거 상태와 13번 접지선과 접지 GF05의 상태를 점검한다.

④ 진단기의 사용이 불가한 경우 실내정션 박스내 에어백 15A 퓨즈의 상태(단선, 탈거)를 점검하고 이상이 없는 경우 에어백 컨트롤 모듈의 F15 커넥터의 탈거 상태와 13번 접지선과 접지 GF05의 상태를 점검한다.

⑤ 다기능 스위치와 스티어링 휠의 클락 스프링 커넥터 상태 등 각 센서 등에 대한 커넥터 상태를 점검한다.

⑥ 고장원인을 찾은 경우 문제지에 고장부분과 내용 및 상태를 기록하고 다음의 회로를 점검한다.

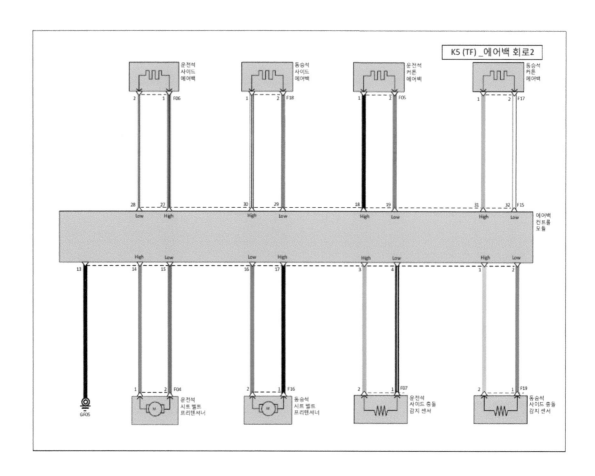

(3) 미등 회로점검

전구(램프, 벌브)관련 고장 시 이물질 유입을 염두 하여야 한다. 소켓 내부나 전구에 종이 또는 테이프 등으로 단자의 접촉이 되지 않도록 하는 경우로 답안지 작성 시 유의해야 한다.

고장 부위	내용 및 상태	정비 및 조치사항
전조등 미등 전구(LH)	이물질유입에 의한 접촉불량	이물질제거 후 재점검

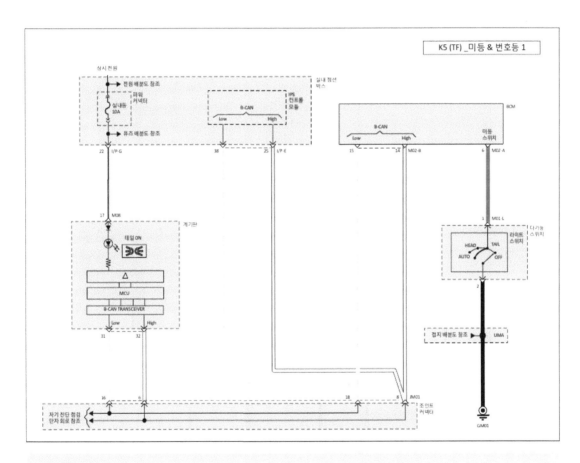

회로설명 IG ON을 하고 다기능 스위치를 작동시켜 계기판에 테일 ON 램프의 점등여부를 판단하여 회로의 점검을 단축할 수 있다.

① IG ON 상태에서 미등 스위치를 작동시켜 계기판내 테일ON 표시등이 점등되는지를 점검한다.

테일 ON 표시등이 점등되면 상기 회로를 분석할 필요가 없다.

② 상기 ①항에서 테일 ON 표시등이 점등되지 않을 경우 실내정션 박스내 파워커넥터의 실내등 10A 퓨즈 상태(단선, 탈거)를 점검하고 이상 없다면 다기능 스위치의 상태(탈거)를 점검하고 다기능 스위치를 탈거하여 M01-L 1번 단자에 전원이 공급되는지 점검한다.

전원이 공급되지 않을 경우 BCM 커넥터와 조인트 커넥터(JM01) 탈거 상태를 점검한다.

③ 다기능 스위치 커넥터 M01-L 2번 단자와 차체간의 멀티미터를 사용한 통전여부를 점검한다.

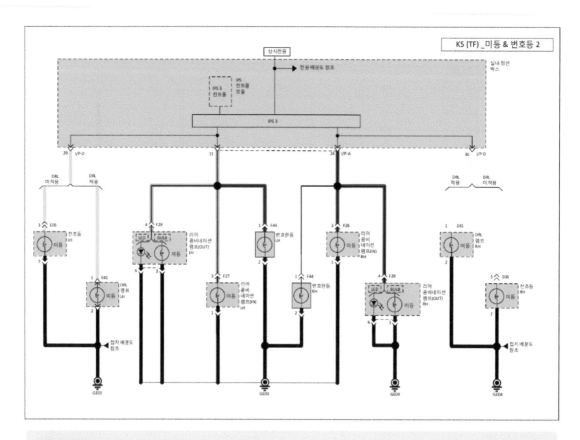

회로설명 접지의 구성을 보면 전조등 LH는 GE01, 리어콤비네이션 램프 LH의 IN, OUT, RH의 IN, 번호판등 LH, RH가 GE03으로 같이 연결되어 있으며, 리어콤비네이션 램프 RH의 OUT와 전조등 RH가 같이 연결되어 있다. 따라서 미등을 작동시켜 미점등 되는 부위를 회로도를 참조하면 접지 쪽으로 점검할 것인지, 전구 및 커넥터를 점검할 것인지를 쉽게 파악할 수 있다.

④ 미등을 작동시킨 상태에서 점등되지 않는 곳을 찾아 점검한다.

예를 들면 전조등 RH의 미등은 점등되나 리어콤비네이션 램프 OUT의 미등이 점등되지 않는다면 접지와 전원 공급은 정상이라는 결론이 나온다.

따라서 커넥터 탈거, 커넥터 핀 밀림에 의한 접촉불량, 미등 전구 단선이나 탈거, 소켓이나 전구에 이물질 유입외의 고장부위는 없다는 것을 유추할 수 있다.

⑤ 고장원인을 찾은 경우 위의 2개의 회로 점검 결과와 함께 감독위원에게 고장요소를 확인받고 답안지를 작성하여 제출한다.

(4) 답안지

☞ 전기_점검_회로 점검_공란

항 목	① 점검(원인부위)		② 내용 및 정비(또는 조치)사항
	고장부분	원인내용및상태	정비 및 조치할 사항
안전벨트 회로			
에어백 회로			
미등 회로			

(5) 답안지 작성

☞ 전기_점검_회로 점검_작성 예

항 목	① 점검(원인부위)		② 내용 및 정비(또는 조치)사항
	고장부분	원인내용및상태	정비 및 조치할 사항
안전벨트 회로	계기판M08커넥터	탈거	커넥터 체결 후 재점검
에어백 회로	에어백10A퓨즈	단선	퓨즈 교환 후 재점검
미등 회로	전조등LH 미등전구	단선	전구 교환 후 재점검

04 파형

전기 작업형에서 파형은 5개와 측정에서 와이퍼 INT의 패스트와 슬로우간의 전압 측정을 파형으로 출력하여 분석하고 기록표에 제출하는 경우가 많으므로 총 6개의 항목으로 구성하였다.

4-1 CAN 통신 파형

CAN 통신은 파워트레인에 적용되는 C-CAN과 바디전장에 적용되는 B-CAN 그리고 안전 및 편의장치에 주로 적용되는 L-CAN 등 다양한 방식의 CAN 통신으로 이루어져 있다.
통신 속도에 따라서 안전과 관련한 제어 목적 등 신속하게 신호를 송수신하는 정보는 High-CAN으로 그렇지 않은 경우 Low-CAN을 사용한다.

⑴ CAN 통신의 특징과 구조

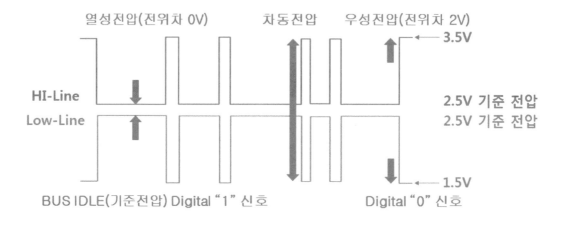

OBD 자기진단 단자의 3번과 11번 단자에서 CAN High와 Low Line을 동시에 점검하여 기준 전압인 2.5V를 기준으로 BUS IDLE 상태 (Digital "1")에서 High 신호는 3.5V로 상승되고 Low 신호는 1.5V로 하강하여 High와 Low 시그널 전압차가 2V 발생하게 되면 "0"을 감지하게 된다.
CAN 통신에서 6Bit 이상 "0" 신호가 연속하여 발생되면 고장으로 판정한다.
1Bit는 프레임 시작을 알리는 "SOF"(Start Of Frame)가 발생한 시간을 구하여 판별한다.

차동전압은 고속 CAN에서 전압의 차를 통하여 만들어지며 단선 등으로 차동전압이 형성되지 않게 되면 전체 시스템의 통신이 불가능해 질 수 있다.

참고 자기진단 단자의 3번과 11번에 연결되어 있는 CAN은 고속 CAN이다.

B-CAN과 C-CAN의 비교			차량에서 통신을 사용하는 이유
구분	B-CAN	C-CAN	
통신 표준	ISO 11898-1 ISO 11898-3	ISO 11898-2 ISO 11898-5	⊙ 효율적으로 많은 기능에 대한 수행이 가능하며 시스템의 구축이 용이함.
통신 주체	multi-masta	multi-masta	⊙ 와이어링의 저감과 입력 신호를 감소하여 배선의 경량화에 따른 연비 향상.
통신 속도	100kbit/s	500kbit/s	⊙ 커넥터 수의 대폭 감소를 통한 고장 요소를 줄임과 동시에 그에 따른 비용 저감 및 연비의 향상과 신뢰성 향상.
통신 라인	2선	2선	
bit time	10μs	2μs	⊙ 통신라인을 통한 고장 진단으로 진단 장비의 활용성 향상
적용 분야	바디전장	파워트레인	
기준 전압	5V	2.5V	
특징	1선 통신 가능	통신 고장에 민감	

(2) CAN 통신 파형 측정 방법

① GDS의 화면에서 오실로스코프를 선택하고 해당 차종과 연식을 정확하게 선택한다.

② 차량은 IG ON 상태에서 측정한다.

③ 채널 프로브를 아래와 같이 연결한다.

- GDS VMI 채널 A(적색) (+)프로브 : CAN HIGH(3번 단자), (−)프로브 : 배터리 (−)
- GDS VMI 채널 B(황색) (+)프로브 : CAN LOW(11번 단자), (−)프로브 : 배터리 (−)
- 환경설정 : A, B채널 DC, 4V, 일반, UNI, 수동
- 시간 설정 : 100μ s ~ 1ms

④ 출력되는 파형을 정지시켜 커서 A와 B를 넓게 위치시키고 출력한다.

⑤ 기준 전압을 기준으로 HIGH와 LOW의 전압을 판독하여 표기하고 각각의 분석내용을 기록한다.

⑥ 분석에 따른 판정을 하고 감독위원에게 답안지 및 출력물을 제출한다.

시간 설정	◀ 100μs~1ms ▶

A 채 널	◀ 4V ▶		B 채 널	◀ 4V ▶	
	BI	피크		BI	피크
	AC	자동		AC	자동

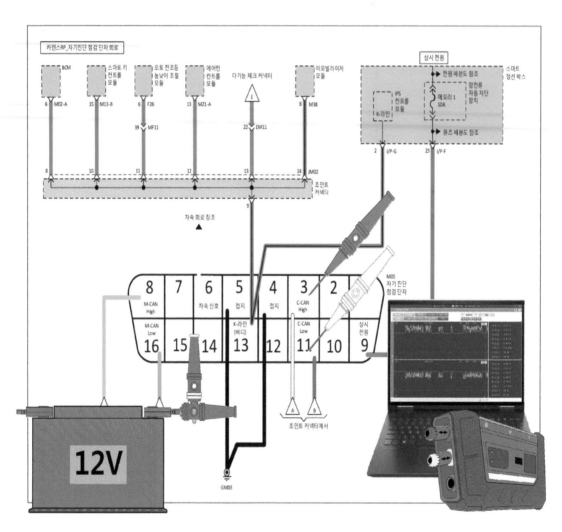

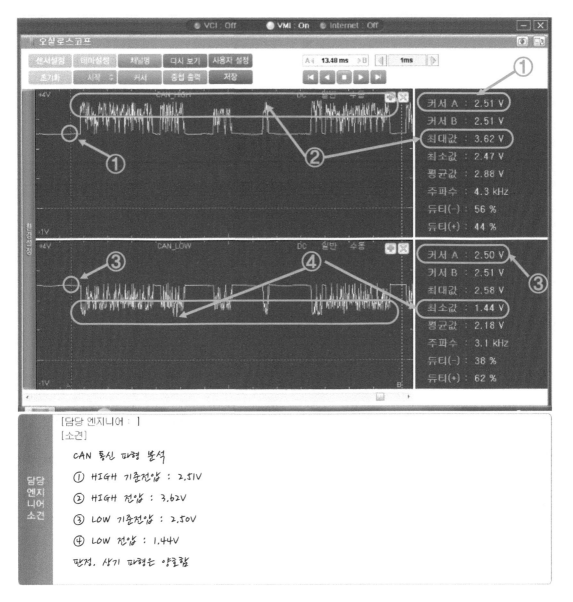

상기 파형에서 기준전압이 HIGH와 LOW가 0.01V 차이가 나며 이는 정상 파형으로 본다.
커서 B값을 보면 각각 2.51V인 것을 알 수 있다.

GDS를 사용한 파형으로 깨져서 보이는 원인은 GDS의 샘플링 속도가 낮기 때문으로 불량 유무를 판정하는 데는 지장이 없다.

상기에서 설명한 열성 전압과 우성 전압, 차동 전압에 대한 표기는 감독위원이 제시하지 않는 이상 굳이 출력물에 표기하지 않아도 되며, 차동 전압의 경우 파형을 중첩 출력을 하여야 분석이 용이하다.

상기 파형은 시간을 1ms로 측정한 화면이며 100μ s로 측정하면 좀 더 세부적으로 볼 수는 있으나 출력되는 데이터의 양이 줄어들게 된다.

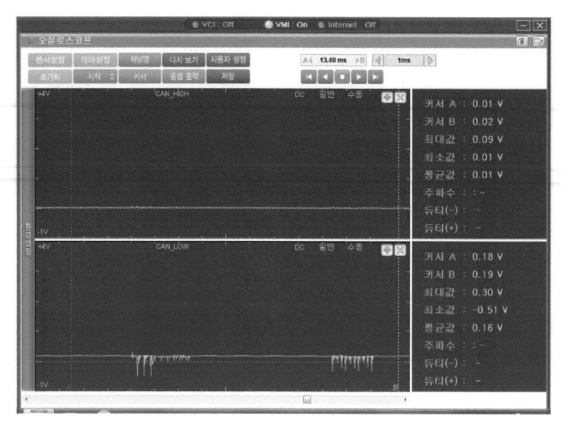

상기 파형은 HIGH 라인의 접지 단락시의 파형이다.

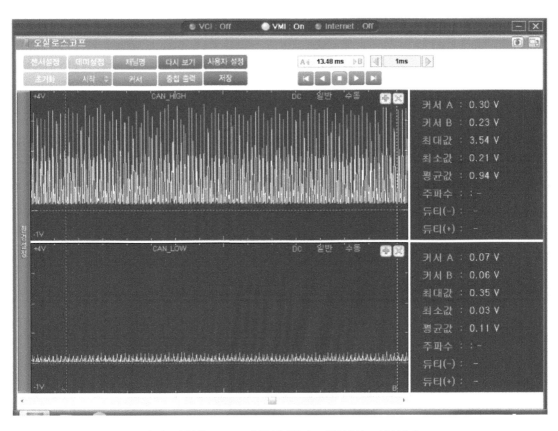

상기 파형은 LOW 라인의 접지 단락시의 파형이다.

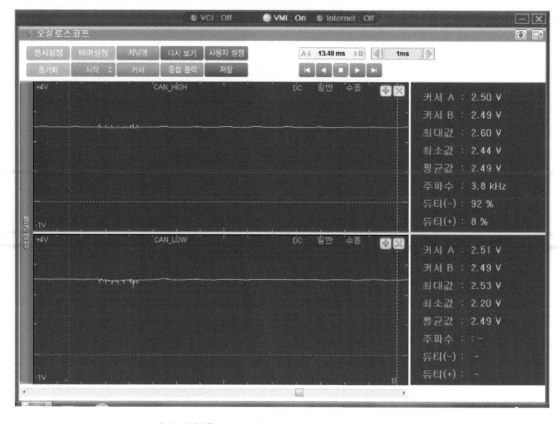

상기 파형은 HIGH와 LOW 상호 단락 파형이다.

(3) 답안지

⇛ [전기_파형] CAN 통신 파형_공란

항 목	① 파형 분석 및 판정		
	분석 항목	분석 내용	판정 (□에 "√"표)
CAN 통신 파형 측정	High/ Low 기준전압	출력물에 분석 내용 기재	□양 호 □불 량
	High 전압		
	Low 전압		

(4) 답안지 작성

⇛ [전기_파형] CAN 통신 파형_작성예

항 목	① 파형 분석 및 판정		
	분석 항목	분석 내용	판정 (□에 "√"표)
CAN 통신 파형 측정	High/ Low 기준전압	2,51V/2,50V	출력물에 분석 내용 기재	☑양 호 □불 량
	High 전압	3,62V		
	Low 전압	1,44V		

4-2 LIN 통신 파형

LIN 통신은 간단한 정보의 전송에 주로 사용되며 Master와 Slave로 구성되어 Master의 통신 시작 요구에 따라 Slave가 응답을 하는 구조로 되어 있다.

(1) LIN 통신의 구조와 특성

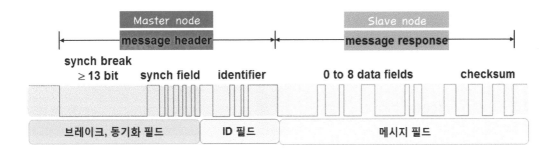

● Sync break field : 모든 노드에 통신 시작을 알리는 역할로 최소13 bit 이상이다.
● Sync field : 마스터 태스크가 전송하는 두 번째 필드로서, 문자 0x55(hex)로 시작하고 자동보드 속도 감지를 수행하는 slave가 보드 속도의 주기를 측정할 수 있으며, 버스와 동기화하기 위해 내부 보드 속도를 조정한다.
● Identifier : LIN 버스는 ID 0 ~ 59는 신호 데이터, 60~61는 진단 데이터로 총 64개의 ID를 사용할 수 있다.
식별자(id)필드는 어떤 슬레이브(노드)가 해당 메시지를 어떻게 해야 할지(수신, 응답 전송, 무시)결정하는 필드로 구성된다.

구분	특성	적용 분야	
표준	LIN-BUS 표준	엔진	배터리 센서
통신 주체	Master/Slave		발전기
통신 속도	19.2kbit/s	바디전장	BCM-멀티평션 스위치, 선루프, 후방 경보장치
통신 라인	1선		SJB-계기판, 도어모듈, SMK, BCM
bit time	50µs		도어 모듈-운전석, 운전석 리어, 동승석, 동승석 리어, 각 시트
기준 전압	12V		
Master	통신 속도의 정의, 동기 신호 전송, 데이터 모니터링, 슬립 모드와 웨이크업 모드 전환		
Slave	동기 신호 대기, 동기 신호를 이용한 동기화, 메시지에 대한 식별자 이해		
전압 범위 : 0~12V, 우성 전압(0) : 12V 전원전압의 20% 이하, 열성 전압(1) : 12V 전원전압의 80% 이상			

(2) LIN 통신 파형 측정방법

① GDS의 화면에서 오실로스코프를 선택하고 해당 차종과 연식을 정확하게 선택한다.
② 차량은 IG ON 상태에서 측정한다.
③ 채널 프로브를 아래와 같이 연결한다.
- GDS VMI 채널 A(적색) (+)프로브 : 배터리 센서출력선, (−)프로브 : 배터리 (−)
- 환경설정 : A채널 DC, 20V, 일반, UNI
- 시간 설정 : 1ms

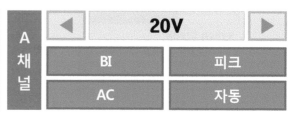

④ 출력되는 파형을 정지시켜 커서 A와 B를 넓게 위치시키고 출력한다.

⑤ 마스터와 슬레이브 구간을 판독하고 각각의 분석내용을 기록한다.

⑥ 분석에 따른 판정을 하고 감독위원에게 답안지 및 출력물을 제출한다.

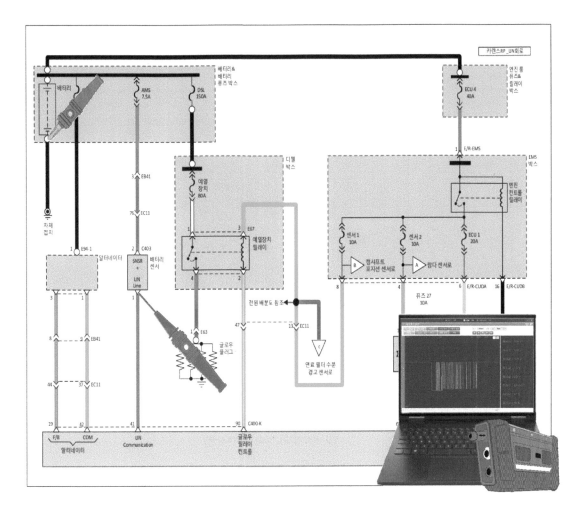

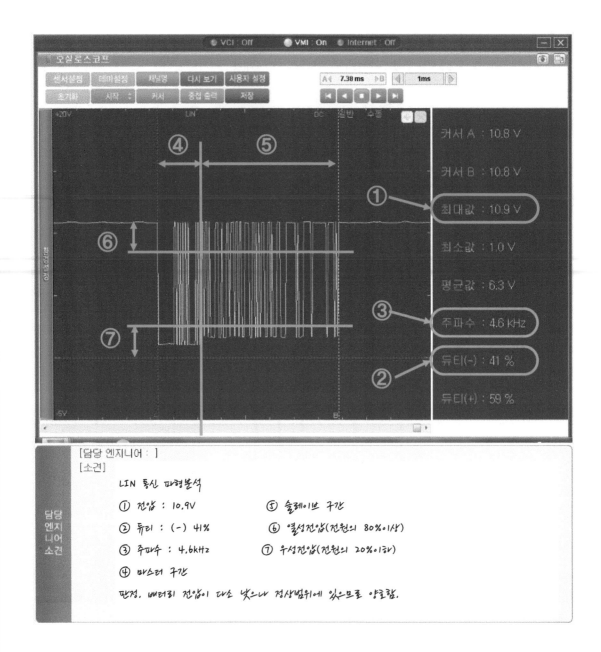

[담당 엔지니어 :]
[소견]

담당
엔지
니어
소견

LIN 통신 파형분석

① 전압 : 10.9V   ⑤ 슬레이브 구간

② 듀티 : (-) 41%   ⑥ 열성전압(전원의 80%이상)

③ 주파수 : 4.6kHz   ⑦ 우성전압(전원의 20%이하)

④ 마스터 구간

판정, 배터리 전압이 다소 낮으나 정상범위에 있으므로 양호함.

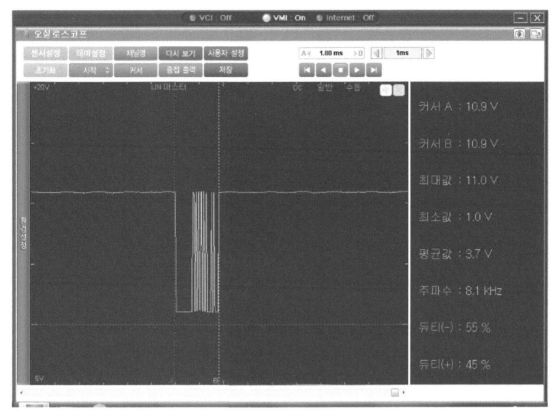

상기 파형은 마스터로 배터리 센서의 커넥터를 탈거하여 측정한 것이다.

(3) 답안지

■ [전기_파형] LIN 통신 파형_공란

항 목	① 파형 분석 및 판정			
	분석 항목		분석 내용	판정 (□에 "√"표)
LIN 통신 파형 측정	전압		출력물에 분석 내용 기재	□양 호 □불 량
	듀티			
	주파수			

(4) 답안지 작성

[전기_파형] LIN 통신 파형_작성예

항 목	① 파형 분석 및 판정			
	분석 항목		분석 내용	판정 (□에 "√"표)
LIN 통신 파형 측정	전압	12,3V	출력물에 분석 내용 기재	☑양 호 □불 량
	듀티	(-)41%		
	주파수	4,6kHz		

4-3 파워 윈도우 전압과 전류 파형

감독위원의 제시에 따라 파형을 측정함에 있어 A채널과 소전류 또는 채널 A, B와 소전류 센서를 같이 사용할 수도 있으며 1장 또는 2장으로 출력할 수도 있으므로 GDS VMI의 사용 설정에 대한 충분한 연습이 필요하다.

파형 측정 전 파워 윈도우를 최대로 하강시킨 상태에서 3~5cm를 상승시킨 상태에서 측정한다. 파워 윈도우를 상승 및 하강시킬 때 3단계로 조작하여야 보기 좋은 파형을 출력할 수 있다. 파워 윈도우 상승시 마음속으로 하나-둘-셋을 세고 버튼을 놓고 대기시간으로 하나-둘-셋을 세고 하강버튼을 누르면서 하나-둘-셋을 세고 버튼을 놓는다.

(1) 1채널 + 소전류 센서를 이용한 파워 윈도우 전압과 전류 파형 측정방법

① GDS의 오실로스코프창에서 B채널을 닫고 AUX를 클릭하여 소전류를 선택하고 소전류 영점조정을 한다.

- 환경설정 : A채널 DC, 20V, 일반, BI, 수동.
- 소전류 DC, 20A, 일반, BI, 수동.
- 시간설정 : 750ms

② A채널의 (+)프로브와 (−)프로브를 파워 윈도우 모터 커넥터 배선의 양단에 연결한다. 이 때 (+) 프로브가 UP 컨트롤 배선으로 향하도록 연결하고 소전류의 화살표가 파워 윈도우 모터를 향하도록 연결한다.

③ 파워 윈도우 버튼을 상승, 대기, 하강 순으로 3초 정도씩 시간을 두어 작동시킨다.

④ 출력되는 파형을 정지시켜 커서 A와 B를 데이터에 맞게 위치시키고 출력한다.

⑤ 작동 전압과 작동 전류를 판독하여 표기하고 각각의 분석내용을 기록한다.

⑥ 분석에 따른 판정을 하고 감독위원에게 답안지 및 출력물을 제출한다.

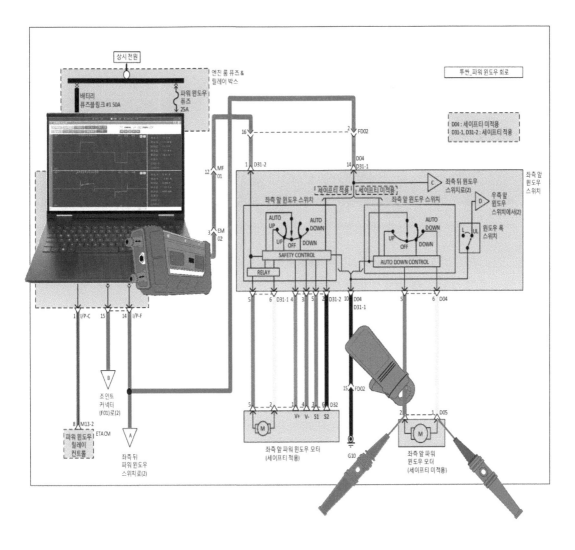

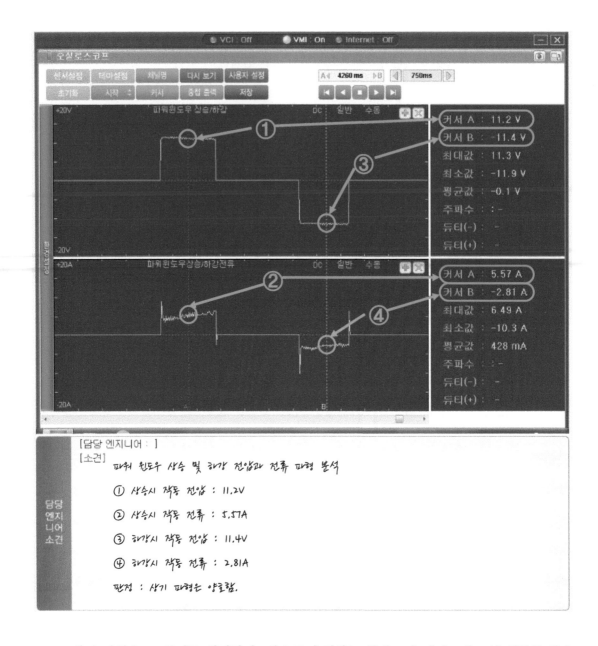

상기 파형은 BI 폴러를 설정하여 1장으로 출력하는 형태로서 커서 A와 B의 위치를 상승 및 하강시 중간에 위치시켜 해당 커서값을 판독하는 방법이다.

아래의 두 파형은 커서 위치를 써지전압을 피하여 상승과 하강구간에서 각각 측정하여 평균값을 판독하는 방법으로 상기 파형보다는 더 정확한 값을 판독할 수 있으나 프린터를 2장 출력한다는 단점이 있다.

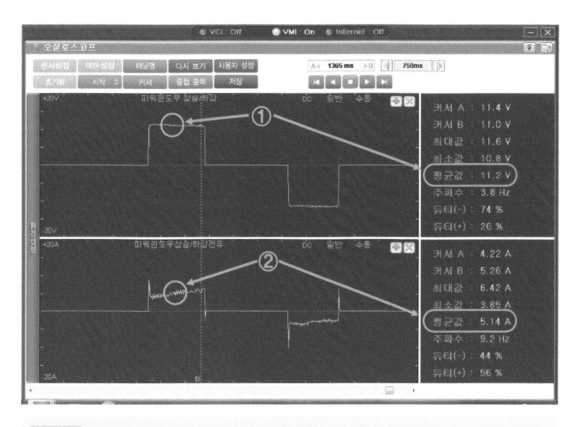

파형분석 ① 상승시 작동전압 : 11.2V ② 상승시 작동 전류 : 5.14A

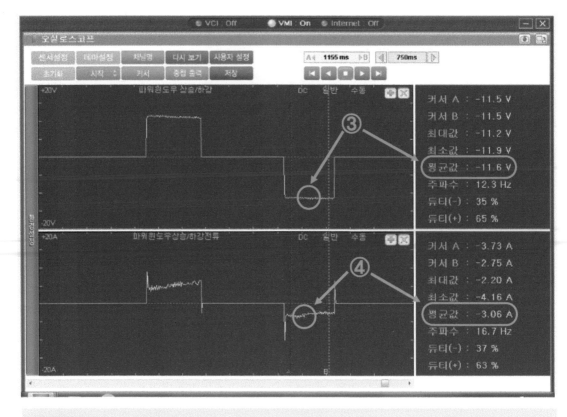

| 파형분석 | ③ 하강시 작동전압 : 11.6V | ④ 하강시 작동 전류 : 3.06A |

⑵ 2채널 + 소전류 센서를 이용한 파워 윈도우 전압과 전류 파형 측정방법

① GDS의 오실로스코프창에서 AUX를 클릭하여 소전류를 선택하고 소전류 영점조정을 한다.

   • 환경설정 : A채널 DC, 20V, 일반, UNI, 수동. B채널 DC, 20V, 일반, UNI, 수동. 소전
              류 DC, 20A, 일반, BI, 수동.

   • 시간설정 : 750ms

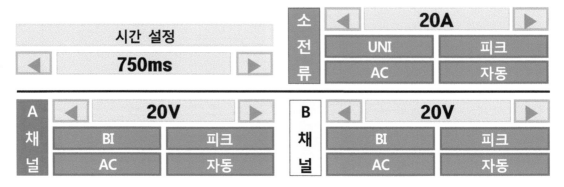

② A채널의 (+)프로브를 UP 컨트롤 배선으로 향하도록 연결하고 (−)프로브를 배터리 (−) 단자에 연결한다. 소전류의 화살표가 파워 윈도우 모터를 향하도록 연결한다. B채널의 (+)프로브를 DOWN 컨트롤 배선으로 향하도록 연결하고 (−)프로브를 배터리 (−)단자에 연결한다.

③ 파워 윈도우 버튼을 상승, 대기, 하강 순으로 3초 정도씩 시간을 두어 작동시킨다.

④ 출력되는 파형을 정지시켜 커서 A와 B를 데이터에 맞게 위치시키고 출력한다.

⑤ 작동 전압과 작동 전류를 판독하여 표기하고 각각의 분석내용을 기록한다.

⑥ 분석에 따른 판정을 하고 감독위원에게 답안지 및 출력물을 제출한다.

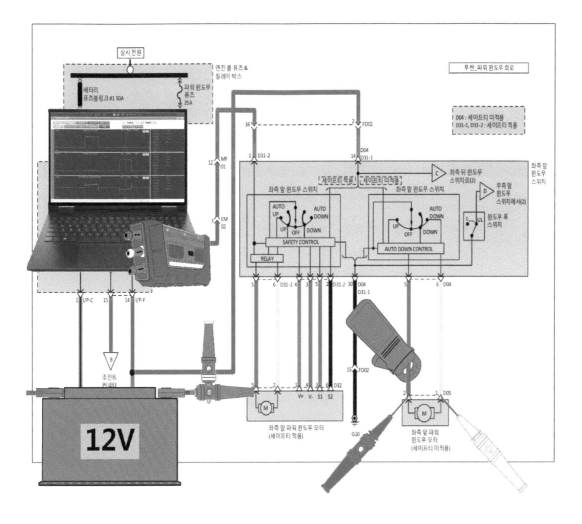

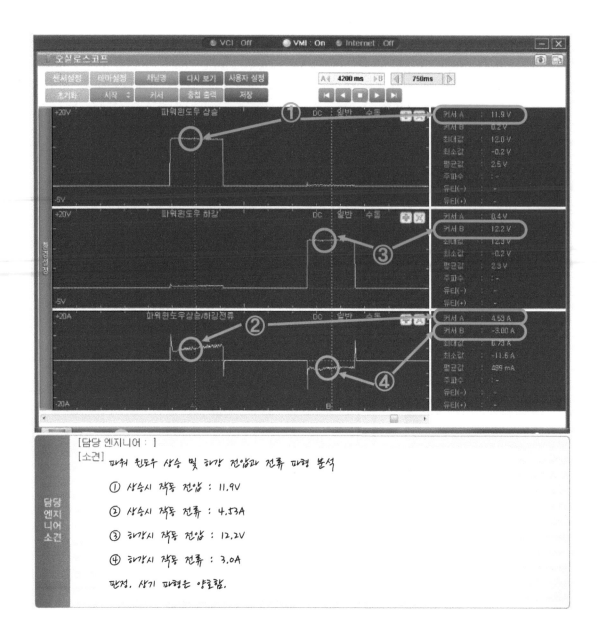

[담당 엔지니어 :]

[소견] 파워 윈도우 상승 및 하강 전압과 전류 파형 분석

① 상승시 작동 전압 : 11.9V

② 상승시 작동 전류 : 4.53A

③ 하강시 작동 전압 : 12.2V

④ 하강시 작동 전류 : 3.0A

판정. 상기 파형은 양호함.

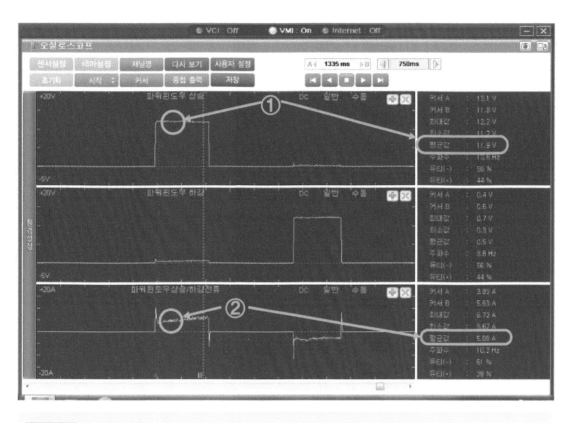

파형분석 ① 상승시 작동전압 : 11.9V   ② 상승시 작동 전류 : 5.08A

전기

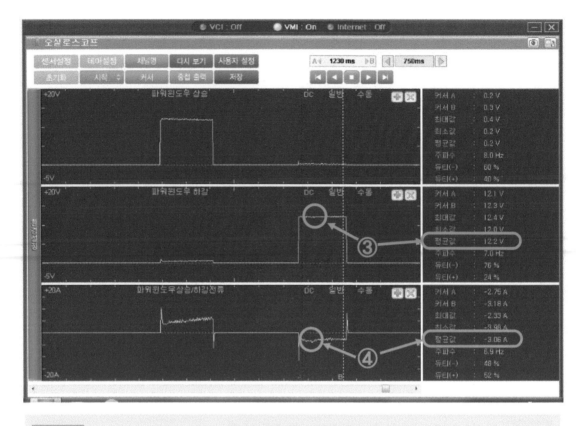

파형분석 ① 하강시 작동전압 : 12.2V   ② 하강시 작동 전류 : 3.06A

(3) 답안지

● [전기_파형] 파워 윈도우 전압과 전류 파형_공란

항 목	① 파형 분석 및 판정		
	분석 항목	분석 내용	판정 (□에 "√"표)
파워윈도우 전압과 전류 파형	작동 전압(상승 시)	출력물에 분석 내용 기재	□양 호 □불 량
	작동 전압(하강 시)		
	작동 전류(상승 시)		
	작동 전류(하강 시)		

(4) 답안지 작성

☞ [전기_파형] 파워 윈도우 전압과 전류 파형_작성예

항 목	① 파형 분석 및 판정			
	분석 항목		분석 내용	판정 (□에 "√"표)
파워윈도우 전압과 전류 파형	작동 전압(상승 시)	11.9V	출력물에 분석 내용 기재	☑양 호 □불 량
	작동 전압(하강 시)	12.2V		
	작동 전류(상승 시)	5.08A		
	작동 전류(하강 시)	3.06A		

4-4 안전벨트 차임벨 작동 파형

차종에 따라 측정조건에 있어 IG ON 상태에서 측정을 하는지, IG OFF 상태에서 측정을 시작 하는지에 따라 파형의 시작 전압 위치가 달라지나 분석에는 문제가 되지 않는다. 다만, HI-DS의 경우 1주기의 커서값에 따른 듀티가 출력 되나 GDS의 경우 출력이 되지 않으므로 GDS를 사용하는 경우 2장으로 출력해야 한다.

(1) 안전벨트 차임벨 작동 파형 측정방법

① GDS의 화면에서 오실로스코프를 선택하고 해당 차종과 연식을 정확하게 선택한다.

② 차량은 감독위원의 제시에 따라 IG OFF 또는 IG ON 상태에서 측정한다.

③ 채널 프로브를 아래와 같이 연결한다.

• GDS VMI 채널 A(적색) (+)프로브 : BCM 시트벨트 제어선, (−)프로브 : 배터리 (−)
• 환경설정 : A채널 DC, 20V, 일반, UNI
• 시간 설정 : 1s

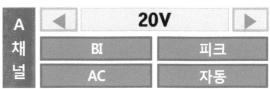

④ IG OFF에서 측정할 때는 IG 스위치를 ON하여 바로 측정을 하며, IG ON에서 측정을 하 는 경우 IG를 OFF했다가 IG ON을 하여 측정한다.

⑤ 출력되는 파형을 정지시켜 커서 A와 B를 차임벨 구간에 위치시키고 1장을 출력하고 커서 A와 B를 한 주기에 맞춰 위치시키고 1장을 출력한다.

⑥ 출력물에 따른 데이터 값을 판독하고 각각의 분석내용을 기록한다.

⑦ 분석에 따른 판정을 하고 감독위원에게 답안지 및 출력물을 제출한다.

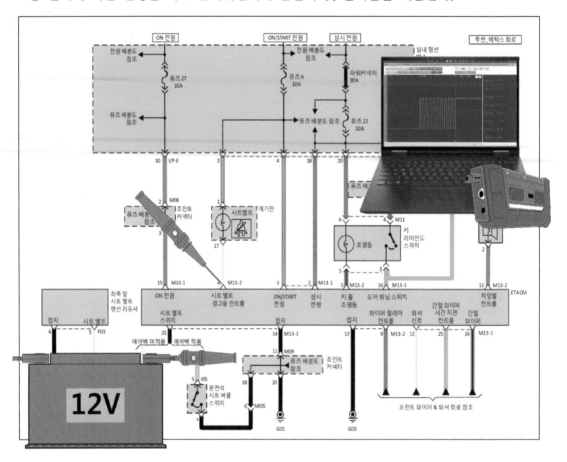

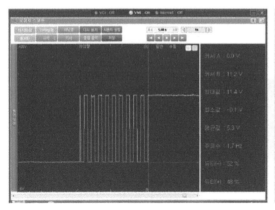
IG OFF-ON시

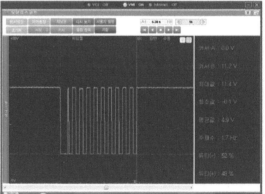
IG ON-OFF-ON시

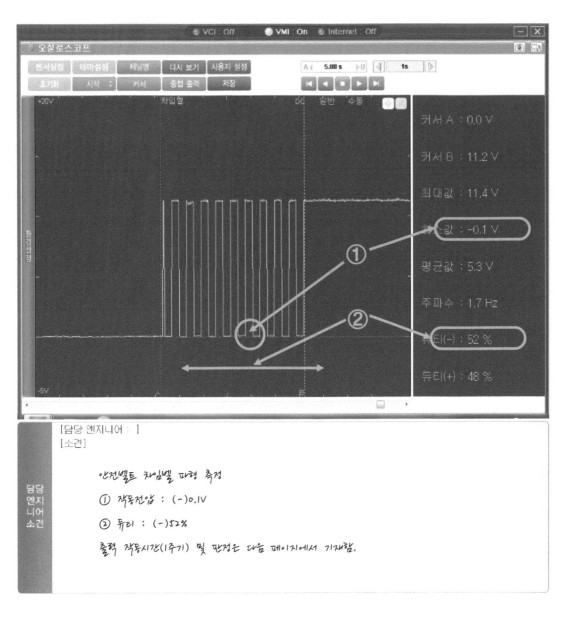

[담당 엔지니어 :]
[소견]

담당
엔지
니어
소견

안전벨트 차임벨 파형 측정

① 작동전압 : (-)0.1V

② 듀티 : (-)52%

출력 작동시간(1주기) 및 판정은 다음 페이지에서 기재함.

상기 파형에서 듀티가 (-)52%인 이유는 IG ON시 최 앞단에 듀티값이 작게 출력되기 때문이며 이는 차종에 따라 상이하다.

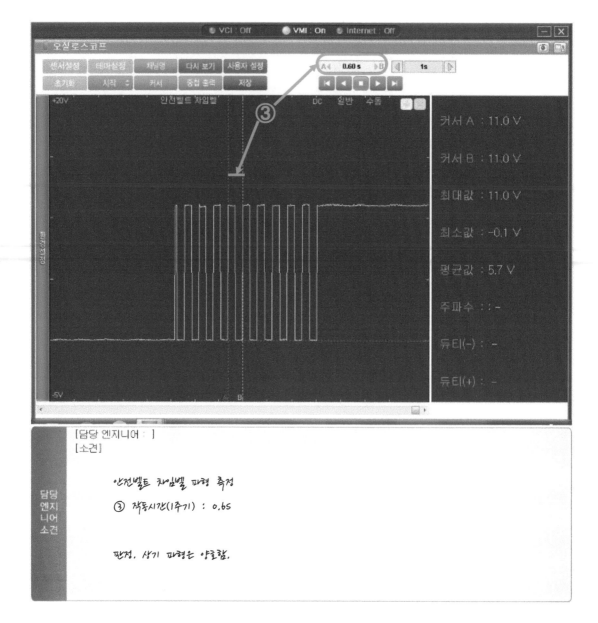

[담당 엔지니어 :]
[소견]

안전벨트 차임벨 파형 측정
③ 작동시간(1주기) : 0.6s

판정. 상기 파형은 양호함.

상기 파형을 보면 GDS의 특성상 커서 A와 B를 1주기에 맞춰 놓았을 경우 우측 데이터 창의 듀티값에 측정이 되지 않음을 볼 수 있다. 커서를 좀 더 벌려주면 듀티값이 측정은 되나 문제는 1주기에 대한 시간이 그만큼 오차가 생기므로 객관적인 증거를 위해 2장을 출력하는 것이 문제의 본질 상 맞다고 할 수 있다.

(2) 답안지

☞ [전기_파형] 안전벨트 차임벨 타이머_공란

항 목	① 파형 분석 및 판정			
	분석 항목		분석 내용	판정 (□에 "√"표)
안전벨트 타이머 파형	작동 전압		출력물에 분석 내용 기재	□양 호 □불 량
	출력 작동 시간(1주기)			
	듀티(1주기)			

(3) 답안지 작성

☞ [전기_파형] 안전벨트 차임벨 타이머_작성예

항 목	① 파형 분석 및 판정			
	분석 항목		분석 내용	판정 (□에 "√"표)
안전벨트 타이머 파형	작동 전압	(-)0.1V	출력물에 분석 내용 기재	☑양 호 □불 량
	출력 작동 시간(1주기)	0.6s		
	듀티(1주기)	(-)52%		

4-5 도어 스위치 열림과 닫힘 시 감광식 룸램프 작동 파형

룸램프를 DOOR로 위치하고 모든 도어가 닫힘으로 된 상태에서 운전석 도어를 열었다가 닫았을 때 일정시간 동안 룸램프가 감광되며 OFF되는 시간에 대한 파형을 측정하는 항목으로 룸램프 스위치가 OFF에 있거나 ON에 위치해 있다면 DOOR로 놓고 측정을 하도록 한다.

(1) 도어 스위치 열림/ 닫힘 시 감광식 룸램프 작동 파형 측정방법

① GDS의 화면에서 오실로스코프를 선택하고 해당 차종과 연식을 정확하게 선택한다.

② 차량은 IG OFF 상태에서 측정한다.

③ 채널 프로브를 아래와 같이 연결한다.

- GDS VMI 채널 A(적색) (+)프로브 : BCM 실내등 DOOR 제어선, (-)프로브 : 배터리 (-)
- 환경설정 : A채널 DC, 20V, 일반, UNI
- 시간 설정 : 1s

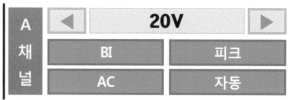

④ 도어를 열었다가 닫은 후 룸램프가 완전히 소등될 때 까지 기다린다.

⑤ 출력되는 파형을 정지시켜 커서 A와 B를 룸램프 작동구간에 위치시키고 출력한다.

⑥ 답안지에서 요구하는 데이터 값을 판독하고 각각의 분석내용을 기록한다.

⑦ 분석에 따른 판정을 하고 감독위원에게 답안지 및 출력물을 제출한다.

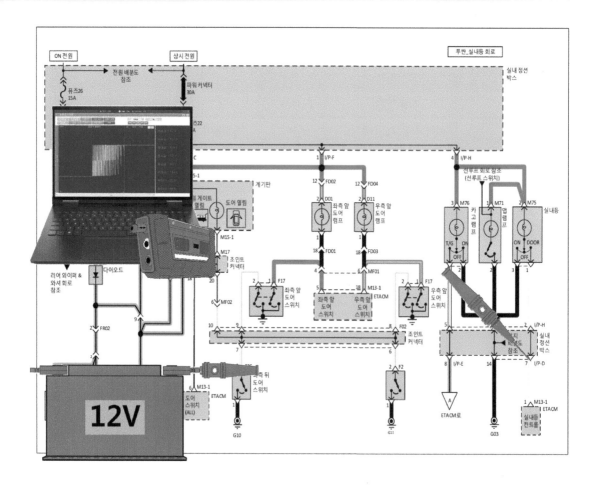

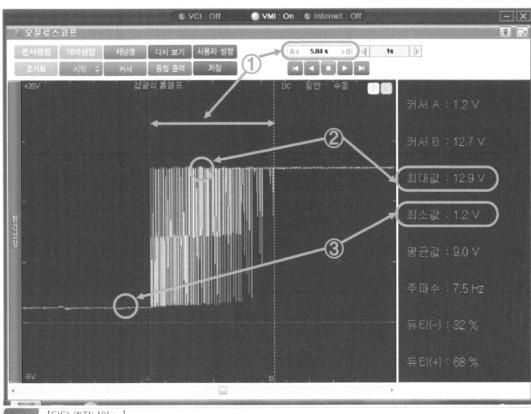

[담당 엔지니어 :]
[소견]

담당
엔지
니어
소견

도어 스위치 열림/닫힘 시 감광식 룸램프 작동 파형 측정

① 작동 시간 : 5.04s

② 작동 전압 : 12.9V

③ 공급 전압 : 1.2V

판정. 상기 파형은 양호함.

(2) 답안지

[전기_파형] 감광식 룸램프 작동 파형_공란

항 목	① 파형 분석 및 판정		
	분석 항목	분석 내용	판정 (□에 "√"표)
도어스위치 열림/닫힘 시 감광식 룸램프 작동 파형	작동 전압	출력물에 분석 내용 기재	□양 호 □불 량
	공급 전압		
	작동 시간		

(3) 답안지 작성

[전기_파형] 감광식 룸램프 작동 파형_작성예

항 목	① 파형 분석 및 판정		
	분석 항목	분석 내용	판정 (□에 "√"표)
도어스위치 열림/닫힘 시 감광식 룸램프 작동 파형	작동 전압 12.9V	출력물에 분석 내용 기재	☑양 호 □불 량
	공급 전압 1.2V		
	작동 시간 5.04s		

4-6 와이퍼 INT에서 패스트와 슬로우 전압 파형

다기능 스위치에서 와이퍼를 INT로 작동시키고 볼륨을 FAST에서 SLOW로 작동시키면서 전압의 변화를 측정하는 항목으로 차종 및 시스템에 따라 전압의 범위가 달라진다.

(1) 와이퍼 INT 모드 파형 측정방법

① GDS의 화면에서 오실로스코프를 선택하고 해당 차종과 연식을 정확하게 선택한다.

② 차량은 IG ON 상태에서 측정한다.

③ 채널 프로브를 아래와 같이 연결한다.

- GDS VMI 채널 A(적색) (+)프로브 : BCM 와이퍼 INT 제어선, (−)프로브 : 배터리 (−)
- 환경설정 : A채널 DC, 20V, 일반, UNI
- 시간 설정 : 500ms

시간 설정

◀ **500ms** ▶

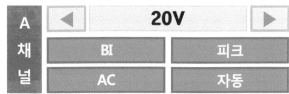

A채널	◀ **20V** ▶	
	BI	피크
	AC	자동

④ 출력되는 파형을 정지시켜 커서 A를 FAST 구간의 중간에 커서 B를 SLOW의 중간에 위치시키고 출력한다.

⑤ 데이터 값을 판독하고 각각의 분석내용을 기록한다.

⑥ 분석에 따른 판정을 하고 감독위원에게 답안지 및 출력물을 제출한다.

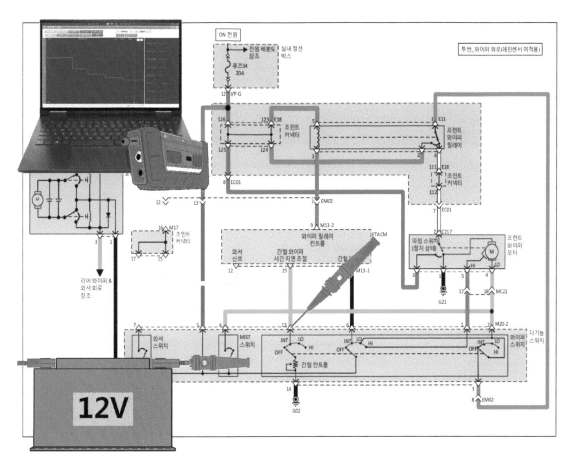

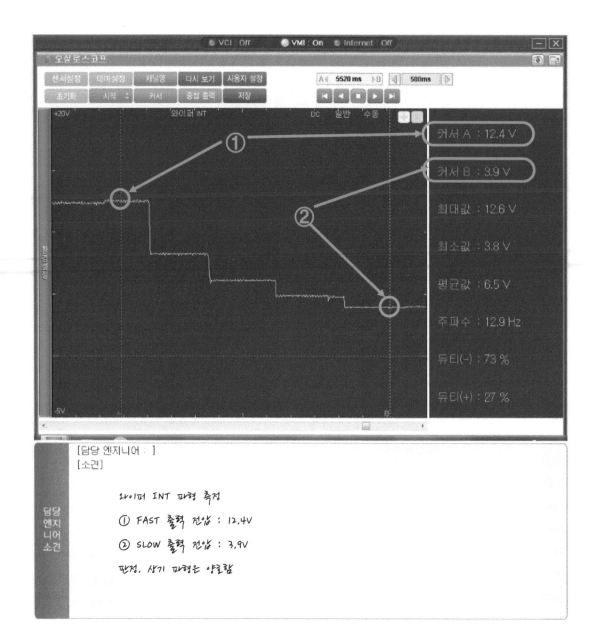

[담당 엔지니어 :]
[소견]

와이퍼 INT 파형 측정

① FAST 출력 전압 : 12.4V

② SLOW 출력 전압 : 3.9V

판정. 상기 파형은 양호함

담당
엔지
니어
소견

(2) 답안지

➥ [전기_파형] 와이퍼 INT 모드 파형_공란

항 목	파형 분석 및 판정		
	분석 항목	분석 내용	판정
와이퍼 INT 모드	Slow(최저)출력 전압	출력물에 분석 내용 기재	☐양 호 ☐불 량
	Fast(최고)출력 전압		

(3) 답안지 작성

➥ [전기_파형] 와이퍼 INT 모드 파형_공란

항 목	파형 분석 및 판정			
	분석 항목		분석 내용	판정
와이퍼 INT 모드	Slow(최저)출력 전압	3.9V	출력물에 분석 내용 기재	☑양 호 ☐불 량
	Fast(최고)출력 전압	12.4V		

전기

05 점검 및 측정

측정 포인트는 BCM을 기준으로 측정을 하거나 해당 센서 또는 스위치 등에서 측정을 하기도 하며, 감독위원에게 측정 포인트를 확인하여 작업을 하는 것이 바람직하다.

5-1 외기온도센서 출력 전압과 저항 점검 및 에어컨 냉매 압력 측정

외기온도센서는 콘덴서의 앞쪽에 설치되어 있으며, 온도가 올라갈수록 저항이 감소하는 부특성(NTC)서미스터를 이용하며, 외기온도에 따른 출력값은 에어컨 컨트롤 모듈의 신호로 입력되어 운전자가 요구하는 온도조절을 위해 온도조절 액츄에이터 조절, 실내습도조절과 블로워 모터의 풍량제어, 모드 컨트롤 제어 등을 한다. 외기온도센서 고장 시 ECU는 20℃로 대체하고 난방제어를 하지 않는다.

에어컨 라인의 냉매의 고압과 저압측의 압력을 규정값과 비교하여 판독하고 압축기 작동시와 비작동시에 따른 온도를 측정하고 냉방계통을 점검한다.

(1) 외기온도센서 출력 전압 측정방법

① 측정대상 차량을 IG ON 시킨다.

② 멀티미터를 DC-V에 위치시키고 (+)리드선을 외기온도센서의 전원선에 연결하고 (-)리드선을 센서의 접지선에 연결한다.

③ 출력되는 전압을 판독한다.

(2) 외기온도센서 저항 측정방법

① 측정대상 차량을 IG OFF 한다.

② 외기온도센서 커넥터를 탈거한다.

③ 멀티미터의 레인지를 저항에 위치시키고 외기온도센서의 두 핀에 (+)리드선과 (−)리드선을 각각 연결하여 저항을 측정하고 판독한다.

온도(℃)	저항(kΩ)	온도(℃)	저항(kΩ)
−30	507	25	30
−15	215.3	35	24.2
0	97.5	60	16
15	59.6	80	10.8

※ 저항 측정시 온도 감지부와 리드선의 탐침부 및 단자를 손으로 잡게 되면 측정값 변동으로 오차가 발생되므로 손으로 잡지 않도록 주의한다.

(3) 에어컨 냉매 압력 측정

① 차량의 시동이 OFF된 상태에서 측정 준비를 한다.

② 차량의 보닛을 열고 냉매라인의 저압과 고압측 서비스 포트에 냉매 회수재생충진 장비의 저압과 고압 호스의 커플러를 체결하여 밸브를 열어준다.

③ 냉매 회수재생충진기의 전원을 켜고 수동모드에서 회수버튼을 눌러 차량의 냉매를 회수한다.

④ 냉매의 회수가 완료되면 사전에 받은 감독위원의 지시에 따라 진공작업을 한다.

⑤ 정비지침서 또는 감독위원이 지시한 냉매량을 충진한다.

⑥ 측정조건은 감독위원의 지시에 따르며, 일반적인 측정은 다음과 같다.

⑦ 차량의 시동을 걸고 A/C 스위치를 누른 후 블로워 스위치를 최대, 온도를 LO로 설정한 후 엔진 회전수가 1,000rpm~2,000rpm사이에서 유지 되도록 가속하여 압축기가 작동할 때의 저압과 고압의 압력을 판독한다.

(4) 답안지 작성방법

① 규정값은 정비지침서 또는 감독위원이 제시한 값을 기록한다.

② 단위는 기본적으로 SI 또는 MKS를 사용하며, 감독위원이 제시한 규정값의 단위를 사용한다.

③ 규정값과 측정값을 판독하여 판정란에 ☑체크를 하고 정비 및 조치할 사항을 작성한다.

④ 다음의 측정값과 정비 및 조치사항에 대한 작성 예는 일반적인 점검 결과를 참조한 것이며, 실제 정비현장에서 차종 및 시스템에 따라 발생되는 결과는 달라질 수 있다.

판정	측정값		정비 및 조치할 사항 작성 예
☑양호	규정값 이내		정비 및 조치사항 없음
☑불량	외기온도센서	규정값 이외	외기온도센서 불량, 교환 후 재점검
		O.L Ω	외기온도센서 단선, 교환 후 재점검
	에어컨 냉매압력	저압과 고압이 낮은 경우	냉매부족, 냉매회수 후 규정량으로 충진 후 재점검
		저압과 고압이 높은 경우	냉매과다, 냉매회수 후 규정량으로 충진 후 재점검
		저압은 정상이나 고압이 낮은 경우	에어컨 컴프레서 불량, 냉매 회수, 에어컨 컴프레서 교환 후 규정량으로 충진 후 재점검
		저압은 정상이나 고압이 높은 경우	콘덴서(응축기) 막힘, 냉매 회수, 콘덴서 교환 후 규정량으로 충진 후 재점검
		저압이 0부근에 위치하는 경우	팽창밸브 막힘, 냉매 회수, 팽창밸브 교환 후 규정량으로 충진 후 재점검

(5) 답안지

☞ 전기_점검 및 측정_외기온도센서 및 에어컨 냉매 압력 측정_공란

항 목		① 측정(또는 점검)		② 판정 및 정비(또는 조치)사항	
		측 정 값	규정 값 (정비한계 값)	판정 (□에 "√"표)	정비 및 조치할 사항
외기온도 센서	저항			□양 호 □불 량	
	출력전압				
에어컨 냉매압력	저압			□양 호 □불 량	
	고압				

(6) 답안지 작성

☞ 전기_점검 및 측정_외기온도센서 및 에어컨 냉매 압력 측정_작성 예

항 목		① 측정(또는 점검)		② 판정 및 정비(또는 조치)사항	
		측 정 값	규정 값 (정비한계 값)	판정 (□에 "√"표)	정비 및 조치할 사항
외기온도 센서	저항	$3.1k\Omega$	$2.5\sim3.5k\Omega$	☑양 호 □불 량	정비 및 조치사항 없음
	출력전압	$2.1V$	$1.5\sim2.5V$		
에어컨 냉매압력	저압	$4.2kgf/cm^2$	$1.5\sim2.0kgf/cm^2$	□양 호 ☑불 량	냉매 과다/ 회수 후 정량 충전 후 재점검
	고압	$20kgf/cm^2$	$15\sim18kgf/cm^2$		

5-2 유해가스 감지센서(AQS) 출력 전압 및 핀 서모센서 저항의 점검과 출력 전압 측정

배기가스를 비롯하여 대기 중에 함유되어 있는 유해 및 악취가스를 감지하여 유해한 가스가 실내로 유입되는 것을 감지하여 차단하는 센서로서 유해가스 감지 센서는 차량의 센터 멤버부에 장착되어 에어컨 컨트롤 모듈의 입력신호로서 내기 및 외기 액츄에이터를 구동하여 운전자와 탑승자의 건강을 고려한 시스템이며, 주요 감지 대상 가스는 NO, NO_2, SO_2, CxHy, CO 등이다.

핀 서모센서는 이베퍼레이터(증발기)의 코아 온도를 감지하여 이베퍼레이터의 동결을 방지하는 기능을 하며, 부특성(NTC) 서미스터로 온도가 올라갈수록 저항이 감소하는 특성을 가지고 있다.

핀 서모센서가 고장나면 에어컨 컨트롤 모듈은 에어컨 컴프레셔의 작동을 중지시킨다.

(1) 유해가스 감지센서 출력 전압 측정방법

① 감독위원의 지시에 따라 공회전 또는 IG ON 상태에서 측정한다.

② AQS 버튼을 누르면 AQS가 예열되며, 예열시간은 30~40여 초로 예열 후에 측정한다.

③ 멀티미터를 DC-V에 위치시키고 (+)리드선을 AQS 센서의 출력선에 (-)리드선을 AQS 센서의 접지에 연결한다.

④ 미감지 시 측정되는 출력 전압을 판독하고 준비되어 있는 부탄가스 또는 라이터 등의 가스를 센서부에 분사시켜 흡입되도록 한다.

⑤ 감지에 따른 출력 전압을 판독한다.

예열시간	IG ON	미감지	감지
30~40Sec	2.5V±0.3V	4.3V±0.3V	0.9V±0.3V

AQS 출력 전압 특성(차종에 따라 상이)

(2) 핀 서모센서 저항 및 출력 전압 측정방법

① 핀 서모센서의 저항은 커넥터를 탈거하고 멀티미터를 저항 레인지에 위치시켜 놓고 리드선을 핀 서모센서 양단에 연결하여 판독한다.

② 핀 서모센서의 출력 전압을 측정하기 위해 커넥터를 체결하고 IG ON을 한다.

③ 멀티미터를 DC-V에 위치시키고 (+)리드선을 센서 출력선에 연결하고 (−)리드선을 센서 접지선에 연결하여 출력전압을 판독한다.

※ 저항 측정시 온도 감지부와 리드선의 탐침부 및 단자를 손으로 잡게 되면 측정값 변동으로 오차가 발생되므로 손으로 잡지 않도록 주의한다.

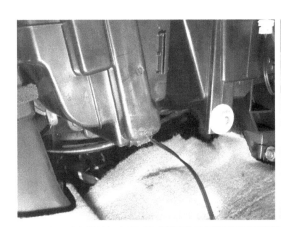 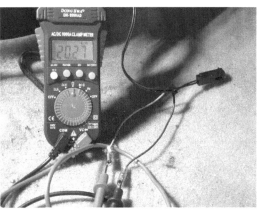

온도(℃)	저항(kΩ)	온도(℃)	저항(kΩ)
−10	13.6	15	3.9
0	8	30	2
5	6.2	40	1.3
10	4.9	50	0.9

핀서모센서의 온도에 따른 저항값(차종에 따라 상이)

(3) 답안지 작성방법

① 규정값은 정비지침서 또는 감독위원이 제시한 값을 기록한다.

② 단위는 기본적으로 SI 또는 MKS를 사용하며, 감독위원이 제시한 규정값의 단위를 사용한다.

③ 규정값과 측정값을 판독하여 판정란에 ☑체크를 하고 정비 및 조치할 사항을 작성한다.

판정	측정값		정비 및 조치할 사항 작성 예
☑양호	규정값 이내		정비 및 조치사항 없음
☑불량	AQS센서	규정값 이외 또는 변화없을 때	AQS 센서 불량, 교환 후 재점검
	핀 서모 센서	규정값 이외	핀 서모 센서 교환 후 재점검

(4) 답안지

☞ 전기 점검 및 측정_유해가스 감지센서 출력 전압 및 핀 서모센서 저항, 출력전압 측정_공란

항 목		① 측정(또는 점검)		② 판정 및 정비(또는 조치)사항	
		측 정 값	규정 값 (정비한계 값)	판정 (□에 "√"표)	정비 및 조치할 사항
유해가스 감지센서 출력 전압	감지			□양 호 □불 량	
	미감지				
핀 서모센서 저항 및 출력 전압	저항			□양 호 □불 량	
	전압				

(5) 답안지 작성

☞ 전기 점검 및 측정_유해가스 감지센서 출력 전압 및 핀 서모센서 저항, 출력전압 측정_작성 예

항 목		① 측정(또는 점검)		② 판정 및 정비(또는 조치)사항	
		측 정 값	규정 값 (정비한계 값)	판정 (□에 "√"표)	정비 및 조치할 사항
유해가스 감지센서 출력 전압	감지	1.02V	0.05~2.5V	☑양 호 □불 량	정비 및 조치사항 없음
	미감지	4.46V	4.1~5.5V		
핀 서모센서 저항 및 출력 전압	저항	9.08kΩ	11.5~12.5kΩ	□양 호 ☑불 량	핀 서모센서 교환 후재점검
	전압	4.95V	4.5~5.5V		

5-3 도어 스위치 작동 전압과 도어록 액츄에이터 전압 및 전류 측정

차량의 측정 조건은 IG OFF 상태에서 측정하며 도어 스위치 열림시와 닫힘시 작동 전압의 측정과 도어록을 록 버튼을 눌러 전압과 전류를 측정하는 항목이다.

도어 액츄에이터가 열림과 닫힘시에 연결 회로가 반대로 되므로 (−)로 측정되면 기록할 때 (−)를 생략 한다.

도어 스위치 열림과 닫힘 전압 측정에 있어 제어방법에 따라 전압의 범위가 달라지며 본 교재에서는 ETACM 제어를 하는 차량에서 측정하였다.

(1) 도어 스위치 작동 전압 측정방법

① 측정 차량의 IG를 OFF 상태로 한다.

② 감독위원이 지정하지 않으면 운전석 도어 스위치에서 측정한다.

③ 주어진 회로도를 참조하여 BCM을 기준으로 멀티미터를 DC-V로 설정하여 측정한다.

④ 도어 스위치를 눌러 닫힘상태로 하고 출력전압을 측정후 도어 스위치를 떼고 측정한다.

⑤ 답안지에 측정값과 규정값 및 판정, 정비 및 조치사항을 작성하여 감독위원에게 제출한다.

(2) 도어록 액츄에이터 전압과 전류 측정방법

① 전류계를 영점조정하여 도어록 액츄에이터의 전원선에 연결하고, 멀티미터의 (+)프로브를 같은 배선에 탐침으로 하여 연결한다.

② 도어록 스위치를 작동하여 작동 전압과 전류를 판독한다.

③ 답안지에 측정값과 규정값 및 판정, 정비 및 조치사항을 작성하여 감독위원에게 제출한다.

(3) 답안지 작성방법

① 단위의 누락 및 틀리지 않도록 확인하여 기록한다.

② 측정값을 기록하여 판정란에 ☑체크를 하고 정비 및 조치할 사항을 작성한다.

판정	항목	측정값	정비 및 조치할 사항 작성 예
☑양호	공통	규정값 이내	정비 및 조치사항 없음
☑불량	도어 스위치	도어 스위치 전압이 측정되지 않는 경우	도어 스위치 교환 후 재점검
	도어록 스위치	전압(전류)이 낮은 경우	배터리 점검 및 교환 후 재점검 도어 액츄에이터 교환 후 재점검
		전압(전류)이 높은 경우	도어 액츄에이터 교환 후 재점검

(4) 답안지

☞ 전기_점검 및 측정_도어 S/W 작동 전압 및 도어록 액츄에이터 작동 전압 측정_공란

항 목	① 측정(또는 점검)		② 판정 및 정비(또는 조치)사항	
	측 정 값		판정 (□에 "√"표)	정비 및 조치할 사항
도어 S/W 작동 시 전압	열림 시		□양 호	
	닫힘 시		□불 량	
도어록 액츄에이터 작동 시 전압	전압		□양 호	
	전류		□불 량	

(4) 답안지 작성

☞ 전기_점검 및 측정_도어 S/W 작동 전압 및 도어록 액츄에이터 작동 전압 측정_작성예

항 목	① 측정(또는 점검)		② 판정 및 정비(또는 조치)사항	
	측 정 값		판정 (□에 "√"표)	정비 및 조치할 사항
도어 S/W 작동 시 전압	열림 시	0V	□양 호	정비 및 조치사항 없음
	닫힘 시	1.85V	☑불 량	
도어록 액츄에이터 작동 시 전압	전압	13.53V	□양 호	도어록 액츄에이터 교환 후 재점검
	전류	12.5A	☑불 량	

CAN 저항 점검과 경음기 또는 배기소음 측정

차량의 통신 방식 중 CAN 통신에 대한 저항을 측정하고 경음기 소음 또는 배기 소음을 측정하는 항목으로 각각의 측정 방법과 유의사항을 숙지하며 소음 측정의 경우 검사 항목으로 규정값을 암기하여야 한다.

(1) CAN 저항 점검방법

CAN 통신라인은 노드(모듈)들을 주선으로 연결하고 ECM과 클러스터 모듈에 각각 120Ω의 종단 저항을 설치하여 반사파 신호없이 일정하게 전류를 흘려 보낸다. 지선은 주선에 연결되는 보조 와이어링으로서 지선의 길이는 보통 1M이내이며, 주선의 길이는 보통 30M이내이다.

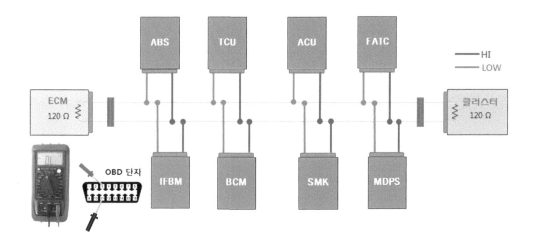

① 측정대상 차량을 IG OFF 하고 배터리 (−)를 탈거한다.

② 멀티미터를 저항에 위치시키고 OBD 단자 커버를 열어 3번 단자와 11번 단자에 리드선을 각각 연결하여 저항을 측정하고 판독한다.

상태	저항값(Ω)
PCM 탈거시	110~120
HIGH 라인 차체 접지시	0
LOW 라인 차체 접지시	0
정상	60(55~65)

※ 저항 측정시 온도 감지부와 리드선의 탐침부 및 단자를 손으로 잡지 않도록 주의한다.

(2) 소음 측정

소음 측정은 소음측정기의 종류에 따라 셋팅 방법이 다소 상이할 수 있으나 각각의 특성에 대하여 이해를 한다면 충분히 사용할 수 있다.
아래 이외에도 여러 종류의 소음측정기가 있으며 기본적인 사용방법은 같다.

구성	CENTER325	TES1350A	설정 방법
전원	상단 버튼 (버튼을 짧게 누르면 ON 길게 누르면 OFF)	RANGE(좌) (하단으로 이동시 전원 OFF)	전원 ON
특성	A/C 버튼 (누를 때마다 변경. A-C)	FUNCT(우) (상단 A, 중간 C)	경음기 C 배기 A
레벨 (측정 범위)	LEVEL 버튼 (누를 때마다 변경. Hi-Med-Lo)	RANGE(좌) (상단 Lo, 중간 Hi)	Hi
소음 크기	MAX/MIN 버튼 (누를 때마다 변경. MAX-MIN)	RESPONSE(중앙) (하단 MAX HOLD)	MAX
소음 속도	FAST/SLOW 버튼 (누를 때마다 변경. FAST-SLOW)	RESPONSE(중앙) (상단 SLOW. 중간 FAST)	FAST
기타	특성 A : 환경 소음 측정. 특성 B : 기계 소음 측정. Leq : 등가 소음. SEL : 단발 소음. SPL : 순간 레벨(FAST). 레벨은 소음측정기마다 다를 수 있다.		

(2.1) 자동차 소음 허용기준

자동차의 종류	경적 소음(dB(C))	배기 소음(dB(A))
승용 및 화물 자동차 2TON 이하	90~110이내	100이하
승용 자동차 2TON 이상 3.5TON 이하	90~112이내	100이하
승용 및 화물 자동차 3.5TON 초과	90~112이내	105이하

(2.2) 경음기 소음 측정방법

경음기의 소음 측정시 차체 전방에서 2M 떨어진 지점에서 지상 1.2±0.05M가 되도록 소음 측정기를 설치한다.

① 소음측정기의 전원을 ON하고 C, Hi, MAX, FAST로 설정하고 암소음값을 기록해 둔다.

② 차량에서 경음기를 약 5초간 작동시킨 후 HOLD된 소음측정기의 값을 판독한다.

③ 주어진 자동차 등록증을 보고 차종과 년식을 확인하고 암소음에 대한 보정값 환산에 따라 측정값을 답안지에 기록한다.

암소음 보정값 환산방법	
편차(dB(c))	보정값(dB(c))
3	−3
4~5	−2
6~9	−1
10 이상	보정하지 않음
※ 일반적인 시험장에서의 암소음값은 10dB(C)이상 차이나므로 보정하지 않고 측정값을 기록한다.	

(2.3) 배기 소음 측정방법

배기관의 중심선에서 45±10°, 배기관의 끝으로부터 0.5M 이격시키고 배기관의 중심높이에서 ±5mm 이내로 설치한다. 이때 최소 높이는 20cm이며, 듀얼 배기관의 경우 우측에 설치한다.

① 소음측정기의 전원을 ON하고 A, Hi, MAX, FAST로 설정하고 암소음값을 기록해 둔다.

② 기어를 중립상태로 하여 풀가속하고 최대 엔진회전수에서 75%를 판정한다.

③ 최대 출력 엔진회전수의 75%의 rpm으로 4초 동안 가속하여 이때의 최대값을 판독한다.

④ 주어진 자동차 등록증을 보고 차종과 년식을 확인하고 암소음에 대한 보정값 환산에 따라 측정값을 답안지에 기록한다.

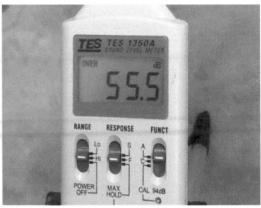

⑷ 답안지 작성방법

① 규정값은 검사 항목으로 제시되지 않으므로 암기하여 기록한다.

② 단위는 기본적으로 SI 또는 MKS를 사용하며, 감독위원이 제시한 규정값의 단위를 사용한다.

③ 소음측정의 경우 규정값은 검사기준으로 제공되지 않으므로 암기하여 작성한다.

④ 규정값과 측정값을 판독하여 판정란에 ☑체크를 하고 정비 및 조치할 사항을 작성한다.

판정	측정값		정비 및 조치할 사항 작성 예
☑양호	규정값 이내		정비 및 조치사항 없음
☑불량	CAN 저항	규정값 범위 초과	종단 저항 교환 후 재점검
		0Ω	CAN 라인(접지 단락) 수정 후 재점검
	경음기	규정값 이외	경음기 교환 후 재점검 (평형 혼의 경우 "조정스크류로 저정 후 재점검")
	배기	규정값 초과	배기 머플러 교환 후 재점검

(5) 답안지

전기_점검 및 측정_CAN라인 저항 점검 및 배기 소음 측정_공란

항 목	① 측정(또는 점검)		② 판정 및 정비(또는 조치)사항	
	측정값	규정(정비한계값)	판정 (□에 "√"표)	정비 및 조치할 사항
CAN 라인저항 (High-Low라인간)			□양 호 □불 량	
경음기 소음 측정			□양 호 □불 량	

(6) 답안지 작성

전기_점검 및 측정_CAN라인 저항 점검 및 경음기 소음 측정_작성예

항 목	① 측정(또는 점검)		② 판정 및 정비(또는 조치)사항	
	측정값	규정(정비한계값)	판정 (□에 "√"표)	정비 및 조치할 사항
CAN 라인저항 (High-Low라인간)	50.5Ω	58~62Ω	□양 호 ☑불 량	종단 저항 교환 후 재점검
경음기 소음 측정	84dB	90~110dB	□양 호 ☑불 량	경음기 교환 후 재점검 경음기 조정 후 재점검

전기_점검 및 측정_CAN라인 저항 점검 및 배기 소음 측정_작성예

항 목	① 측정(또는 점검)		② 판정 및 정비(또는 조치)사항	
	측정값	규정(정비한계값)	판정 (□에 "√"표)	정비 및 조치할 사항
CAN 라인저항 (High-Low라인간)	59.5Ω	58~62Ω	☑양 호 □불 량	정비 및 조치사항 없음
배기 소음 측정	64dB	100dB이하	☑양 호 □불 량	정비 및 조치사항 없음

5-5 전조등 광도 및 광축 측정

시험장마다 전조등 시험기의 메이커가 상이하고 이에 따른 사용방법이 다르므로 시험을 보고
자하는 시험장의 전조등 시험기에 대한 사용방법을 사전에 습득하여야 한다.

> 2021년 9월 1일부터 운행자동차 전조등 검사기준(자동차관리법 시행규칙)에 의해 하향 전조등에 대한 검사가 진
> 행되며, 이는 자동차 및 자동차 부품의 성능과 기준에 관한 규칙 제38조에 따라 시행된다. 따라서 추후 자동차
> 정비 기능사, 산업기사, 기사, 기능장에 이르기까지 전조등 광도 및 광축 측정에 대한 시험방법 및 방식 등이 변
> 화될 것으로 예상되며, (8)번 항목에 Cut off방식에 대한 내용을 기술하였다.

(1) 전조등 광도 측정과 광축 측정방법(대본기계)

삼화기계 및 한국IYASAKA 시험기는 (7)번 항목을 참조한다.

① 시험차량은 타이어 공기압과 쇽업소버 스프링 및 배터리 상태 등을 점검하며, 측정하지
   않는 방향의 전조등을 가린다.

② 차량과 전조등 시험기와의 거리를 3M 이격시키고 차량과 정대하여 수평을 조정한다.
   (해당 시험장마다 조건이 다르며, 시험기에 따라 이격거리는 1m~3m이다.)

③ 전조등 시험기의 전원을 ON하고 차량에서 감독위원의 지시에 따라 IG ON 또는 시동을
   걸고 상향등을 작동시킨다.

④ 전조등 시험기 뒷면의 투시 창 중심에 상향등의 흑점이 오도록 전조등을 좌, 우, 상, 하
   로 이동 시켜 맞춘다.

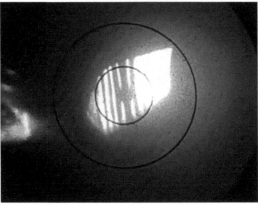

⑤ 좌, 우측 광도부의 LED가 정 중앙에 점등되도록 좌, 우측 조정용 손잡이를 돌려 맞춘다.

⑥ 상, 하 광도부의 LED가 정 중앙에 점등되도록 상, 하 조정용 손잡이를 돌려 맞춘 후 광축에 대한 값과 광도를 판독한다.

⑦ 답안지에 전조등 종류와 위치를 체크하고 측정값과 측정값에 따른 규정값을 작성하고 판정을 체크한 후 감독위원에게 제출한다.

(2) **답안지 작성방법**

① 기준값은 검사항목으로 반드시 암기하여 작성한다.

② 전조등의 측정 위치(좌, 우)와 방식에 따라 2등식과 4등식을 구분하여 해당란에 ☑체크를 한다.

③ 기준값과 측정값을 작성하고 판정란에 ☑체크를 하고 정비 및 조치할 사항을 작성한다.

판정	측정값		정비 및 조치할 사항 작성 예
☑양호	기준값 이내		정비 및 조치사항 없음
☑불량	광도	기준값 이하 시	전조등 전구 교환 후 재점검 또는 라이트 어셈블리 교환 후 재점검
	광축	기준값 초과시	전조등 (상, 하, 좌, 우) 조정 후 재점검

(3) 답안지

☞ [전기_점검 및 측정] 전조등 측정_공란

① 측정(또는 점검)				② 판정 및 정비(또는 조치)사항	
구분	측정항목	측정값	기준값	판정(□에 "√"표)	정비 및 조치사항
전조등 (□에 "√"표) 위치: □좌 □우	광도		——————	□양 호 □불 량	
	광축	☑ 상 □ 하		□양 호 □불 량	
등식: □ 2등식 □ 4등식		□ 좌 ☑ 우		□양 호 □불 량	

(4) 답안지 작성

☞ [전기_점검 및 측정] 전조등 측정_작성예

① 측정(또는 점검)				② 판정 및 정비(또는 조치)사항	
구분	측정항목	측정값	기준값	판정(□에 "√"표)	정비 및 조치사항
전조등 (□에 "√"표) 위치: ☑좌 □우	광도	16000cd	15000cd 이상	☑양 호 □불 량	
	광축	☑ 상 □ 하 6cm	10cm 이내	☑양 호 □불 량	정비 및 조치사항 없음
등식: ☑ 2등식 □ 4등식		□ 좌 ☑ 우 17cm	30cm 이내	☑양 호 □불 량	

⑺ 전조등 광도 측정과 광축 측정방법(삼화기계 및 한국 IYASAKA 기기)

① 시험차량은 타이어 공기압과 쇽업소버 스프링 및 배터리 상태 등을 점검하며, 측정하지 않는 방향의 전조등을 가린다.

② 차량과 전조등 시험기와의 거리를 1.5M 이격시키고 차량과 정대하여 수평을 조정한다. (해당 시험장마다 조건이 다르며, 시험기에 따라 이격거리는 1m~3m이다.)

③ 전조등 시험기의 전원을 ON하고 차량에서 감독위원의 지시에 따라 IG ON 또는 시동을 걸고 상향등을 작동시킨다.

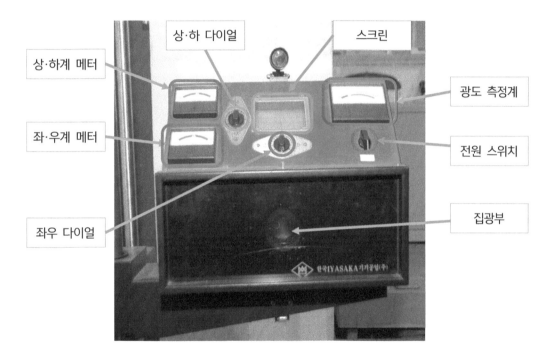

④ 전조등 시험기의 상·하·좌·우 다이얼을 돌려 각각 "0"이 되도록 하여 스크린의 수직 선과 수평선이 중심에 오도록 한다.

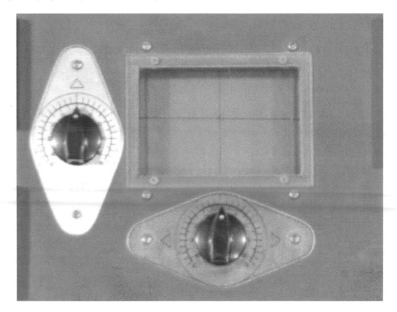

⑤ 전조등 시험기를 상·하·좌·우로 이동시켜 **상·하계** 메터와 좌·우계 메터의 지시바늘이 각각 "0"에 오도록 조정한다.

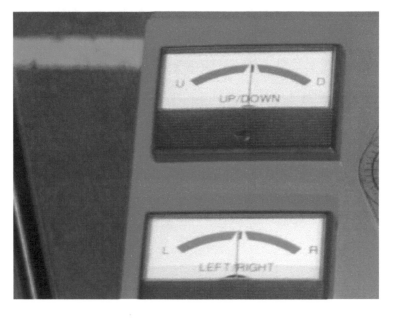

⑥ 전조등 시험기의 상·하·좌·우 다이얼을 돌려 헤드라이트의 흑점 중심에 센터에 수직선과 수평선을 맞춘다. 이때 상·하·좌·우 다이얼이 지시하는 값이 측정값으로 각도와 cm로 표기가 되어있으므로 단위에 주의하여 측정값을 판독한다.

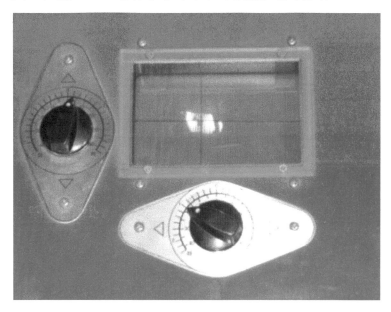

⑦ 광도는 계기를 보고 판독한다. 지침이 6에 있고 X104 cd이므로 60000cd가 된다.

⑧ 전체 측정값에 대한 이미지

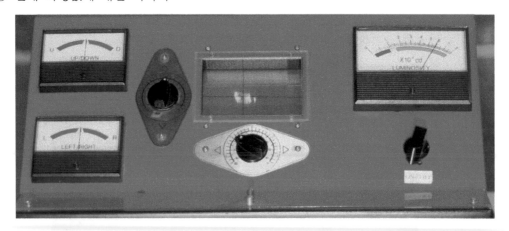

⑨ 답안지에 전조등 종류와 위치를 체크하고 측정값과 측정값에 따른 규정값을 작성하고 판정을 체크한 후 감독위원에게 제출한다.

⑧ Cut off방식에 따른 하향등 전조등 측정과 관련한 법규

① Cut off의 정의

Cut off 선이란, 전조등 빔을 자동차 길이 방향의 앞면 25미터에 위치한 수직면에 비추었을 때에 나타나는 밝은 부분과 어두운 부분의 경계선을 말한다.(자동차 및 자동차 부품의 성능과 기준에 관한 규칙 제38조 관련)

하향등은 빛이 위로 올라가는 것을 방지하기 위하여 램프 위쪽에 판을 두어 빛을 차단하거나 램프의 형상 자체를 컷팅시켜서 만들기도 하는데 이를 Cut off라고 하기 도 한다.

② 하향등의 전조등 시험기에 대한 정밀도 검사기준의 신설

2019년 12월 9일 자동차관리법 시행규칙 제68조제5항 관련 발표12의 제2호나목(1) 및 (2)

(1) 교정기의 상·하·좌·우향 광축을 각각 0(영)밀리미터로 설정한 상태에서 교정기의 광도를 아래와 같이 측정할 것
  (가) 주행빔(상향등)의 경우 교정기의 광도를 1만칸델라, 2만칸델라, 3만칸델라 등 세가지 이상의 광도로 측정할 것
  (나) 변환빔(하향등)의 경우 교정기의 광도를 2천칸델라, 5천칸델라, 8천칸델라 및 1만칸델라 등 네가지 이상의 광도로 측정할 것

(2) 광축 편차지시
  (가) 주행빔(상향등)의 경우 광도변화에 따른 광축의 편차는 2만칸델라의 광도기준값이 상·하·좌·우 광축을 각각 0(영)밀리미터로 조정한 상태에서 광도를 1만칸델라 및 3만칸델라로 각각 변화시켜 광축지

시의 편차를 측정할 것

(나) 주행빔(상향등)의 경우 각도변화에 따른 광축의 편차는 광도를 2만칸델라로 설정하여 좌·우·하향 174밀리미터(1도) 및 348밀리미터(2도), 상향 174밀리미터(1도)에서 각각 측정할 것

(다) 변환빔(하향등)의 경우 광도변화에 따른 광축의 편차는 8천칸델라의 광도기준값이 상·하·좌·우 광축을 각각 0(영)밀리미터로 설정한 상태에서 8천칸델라 미만 광도 및 8천칸델라 초과 광도로 각각 변화시켜 광축지시의 편차를 측정할 것

(라) 변환빔(하향등)의 경우 각도변화에 따른 광축의 편차는 광도를 8천칸델라로 설정하여 상·하·좌 ·우향 0(영)밀리미터, 하·좌·우향 174밀리미터(1도) 및 상향 87밀리미터(0.5도)에서 각각 측정할 것

③ 운행자동차 전조등 검사기준(자동차관리법 시행규칙 [별표 15] 참조)

18) 등화장치	가) 변환빔의 광도는 3천칸델라 이상일 것	좌·우측 전조등(변환빔)의 광도와 광도점을 전조등시험기로 측정하여 광도점의 광도 확인
	나) 변환빔의 진폭은 10미터 위치에서 다음 수치 이내일 것 설치높이 ≤ 1.0m : −0.5% ~ −2.5% 설치 높이 〉1.0m : −1.0% ~ −3.0%	좌·우측 전조등(변환빔)의 컷오프선 및 꼭지점의 위치를 전조등시험기로 측정하여 컷오프선의 적정 여부 확인
	다) 컷오프선의 꺾임점(각)이 있는 경우 꺾임점의 연장선은 우측 상향일 것	변환빔의 컷오프선, 꺾임점(각), 설치상태 및 손상여부 등 안전기준 적합 여부를 확인

즉, 전조등의 높이에 따라 하향등에 대한 측정기준이 다르게 적용된다.

④ 측정 자동차의 전조등 높이를 확인하는 방법

- 자동차 제원(VIMS)을 통한 확인
- 전조등 시험기의 기둥에 있는 줄자의 값을 읽어 확인하는 방법
- 높이 측정 센서를 전조등 시험기에 붙여서 높이를 확인하는 방법

⑤ 자동차 및 자동차 부품의 성능과 기준에 관한 규칙 제38조

현행기준(시행일자 2016.01.01.부터~)	이전기준(2015.12.31. 까지)
제38조(전조등) ① 자동차(피견인자동차를 제외한다)의 앞면에는 전방을 비출 수 있는 주행빔 전조등을 다음 각 호의 기준에 적합하게 설치하여야 한다. 1. 좌·우에 각각 1개 또는 2개를 설치할 것. 다만, 너비가 130센티미터 이하인 초소형자동차에는 1개를 설치할 수 있다. 2. 등광색은 백색일 것 3. 주행빔 전조등의 설치 및 광도기준은 별표 6의3에 적합할 것. 다만, 초소형자동차는 별표 35의 기준을 적용할 수 있다. ② 자동차(피견인자동차는 제외한다)의 앞면에는 마주오는 자동차 운전자의 눈부심을 감소시킬 수 있는 변환빔 전조등을 다음 각 호의 기준에 적합하게 설치하여야 한다. 1. 좌·우에 각각 1개를 설치할 것. 다만, 너비가 130센티미터 이하인 초소형자동차에는 1개를 설치할 수 있다. 2. 등광색은 백색일 것 3. 변환빔 전조등의 설치 및 광도기준은 별표 6의4에 적합할 것. 다만, 초소형자동차는 별표 36의 기준을 적용할 수 있다. ③ 자동차(피견인자동차는 제외한다)의 앞면에 전조등의 주행빔과 변환빔이 다양한 환경조건에 따라 자동으로 변환되는 적응형 전조등을 설치하는 경우에는 다음 각 호의 기준에 적합하게 설치하여야 한다. 1. 좌·우에 각각 1개를 설치할 것 2. 등광색은 백색일 것 3. 적응형 전조등의 설치 및 광도기준은 별표 6의5에 적합할 것 ④ 주변환빔 전조등의 광속(光束)이 2천루멘을 초과하는 전조등에는 다음 각 호의 기준에 적합한 전조등 닦이기를 설치하여야 한다.	제38조(전조등) ① 자동차(피견인자동차를 제외한다)의 앞면에는 다음 각 호의 기준에 적합한 전조등을 좌우에 각각 1개(4등식의 경우에는 2개를 1개로 본다)씩 설치하여야 한다. 다만, 조명가변형 전조등의 경우에는 전조등 안에 각각 1개의 보조 등화장치를 추가로 설치할 수 있다. 1. 등광색은 백색으로 할 것 2. 1등당 광도(최대광도점의 광도를 말한다. 이하 같다)는 주행빔은 1만5천칸델라(4등식중 주행빔과 변환빔이 동시에 점등되는 형식은 1만2천칸델라)이상 11만2천5백칸델라 이하이고, 변환빔은 3천칸델라 이상 4만5천칸델라 이하일 것. 다만, 최고속도가 매시 25킬로미터 미만의 자동차의 경우 15미터 전방에 있는 장애물을 식별할 수 있는 성능을 가진 광도인 때에는 그러하지 아니하다. 3. 주행빔의 비추는 방향은 자동차의 진행방향 또는 진행하려는 방향과 같아야 하고, 전방10미터 거리에서 주광축의 좌우측 진폭은 300밀리미터 이내, 상향진폭은 100밀리미터 이내, 하향 진폭은 등화설치높이의 10분의3 이내일 것. 다만, 좌측전조등의 경우 좌측방향의 진폭은 150밀리미터 이내이어야 하며, 운행자동차의 하향진폭은 300밀리미터 이내로 하게 할 수 있으며, 조명가변형 전조등은 자동차가 앞으로 움직일 때에만 작동되어야 한다. 4. 등화의 중심점은 차량중심선을 기준으로 좌우가 대칭이 되고, 공차상태에서 지상 500밀리미터 이상 1,200밀리미터 이내가 되게 설치할 것. 다만, 자동차의 구조상 부득이한 경우 차체의 가장 낮은 위치에 설치한 때에는 그러하지 아니하다. 5. 변환빔의 비추는 방향은 자동차의 진행방향 또는 진행하려는 방향과 같아야 하고, 주행빔의 주광축의 광도를 감광할 수 있거나 비추는 방향을 하향으로 변환할 수 있는 구조일 것.

1. 매시 130킬로미터 이하의 속도에서 작동될 것
2. 전조등 닦이기 작동 후 광도는 최초 광도값의 70퍼센트 이상일 것

5의2. 전조등빔 또는 컷오프선(변환빔을 자동차 길이 방향의 앞면 25미터에 위치한 수직면에 비추었을 때에 나타나는 밝은 부분과 어두운 부분의 경계선을 말한다. 이하 같다)의 꼭짓점이 회전하는 방식의 조명가변형 전조등은 자동차가 앞으로 움직일 때에만 작동되어야 한다. 다만, 자동차가 오른쪽으로 회전하는 경우에는 그러하지 아니하다.

⑥ 카메라(CCD, COMS)를 이용한 전조등 시험기의 종류

카메라(CCD 또는 CMOS)방식의 전조등 시험기는 차량과 정대를 하고 이격거리 1m(시험기에 따라 0.7~1.3m) 전방에서 촬영한 자동차 전조등의 상향빔, 하향빔의 광패턴을 화상처리하여 광도 및 광축을 측정하는 기기를 말한다.

방식에 따라 수동, 반자동, 자동방식 등이 있으며 시험기의 특성은 다음과 같다.

특성 \ 제조사	H사	J사	K사	
측정 거리	1m			
광도 측정 범위	0~120000cd			
광축 측정 범위	상 2° ~ 하 3° (0~350mm/10m) 좌 3° ~ 우 3° (0~525mm/10m)			
측정 높이	500~1,300mm	250~1,400mm	400~1,400mm	400~1,400mm
측정 방식	수동	반자동	수동	자동

전기

⑦ 하향등 전조등에 대한 검사기준과 측정원리

전조등 높이		1m 이하	1m 초과
광도		3000cd이상	3000cd이상
광축	상	-0.5% 이내	-1.0% 이내
	하	-2.5% 이내	-3.0% 이내

즉, 광도의 경우 상한 규제가 없으며, 광축의 경우 좌·우향에 대한 규제가 없는데 이는 측정 원리상의 이유에 기인한다.

대부분의 측정기 방식은 차량과 시험기의 거리를 10m를 기준으로 측정하는데 실제 측정에 있어 10m의 편평한 공간 확보가 어렵기 때문에 측정거리를 1m로 하고 값을 환산하는 방법을 사용한다.

상향등의 경우 밝은 부분과 중심점(흑점)의 구분 즉, 핫포인트의 위치 구분이 쉽다. 하지만 하향등의 경우 Cut off되어 방사되므로 편평한 위치를 찾는 방법으로 사용되는 단어가 Cut off 또는 Edge라고 표현하기도 한다.

하향등에 대한 전조등의 측정에 있어 전조등의 높이에 따라 규제하는 범위가 달라지는데 이는 전조등의 높이와 동일한 높이로 빛이 일직선으로 비추어지게 되는 경우를 0%라고 한다. 따라서 전조등의 높이보다 높게 빛이 비추어지면 (+)가 되고 낮게 비추어지게 되면 (-)가 된다. 즉, 전조등의 높이가 1m 이하인 경우 전조등의 높이에서 상으로 -0.5%, 하로 -2.5% 이내이어야 한다는 것이다.

이러한 하향등 전조등 시험기는 측정되는 수치의 값에 따라 자동으로 합격과 불합격을 판정하여 준다.

자동방식과 수동방식이라는 것은 헤드램프의 중심을 찾기 위해 사람이 위치를 찾느냐, 모터 등을 이용하여 자동으로 중심을 찾느냐에 따라 구분된다.

⑧ 하향등 전조등의 측정방법

• 측정 차량의 램프에 묻은 이물질 등 유리면을 깨끗하게 닦아 준다.
• 타이어 공기압을 기준 압력으로 맞추어 준다.
• 전조등 시험기의 수평을 확인한다.
• 바닥면(타이어 접지면)의 수평을 확인한다.
• 외부로부터 빛의 영향을 차단시킨다.
• 차량은 공차상태로 운전자 1인이 탑승한 상태에서 측정한다.
• 측정 중 시동을 걸고 기어는 중립으로 하여 주차 브레이크를 작동시킨다.
• 4등식 전조등의 경우 측정하지 않는 전조등을 가림막으로 가리고 측정한다.

⑨ 전조등 시험기 조작방법(K사의 수동방식)

• 키에 대한 명칭과 역할

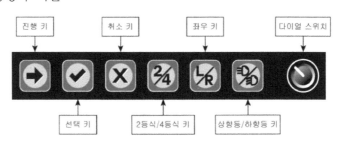

	진행	• 메인 화면에서 측정 선택 화면으로 진행 • 측정 선택 화면에서 선택된 측정 시작 • 정대 화면에서 완료 후 다음 진행 • 측정 화면에서 완료 후 다음 진행 • 결과 화면에서 완료 후 다시 측정 선택
	선택	• 메인 화면에서 설정 화면으로 진행 • 정대 화면에서 높이 / 노출 중 활성화 선택 • 결과 화면에서 선택된 등의 재측정 시작 • 교정 화면에서 각 항목 설정
	취소	• 메인 화면에서 프로그램 종료 진행 • 측정 선택 화면에서 메인 화면으로 나가기 • 정대, 측정, 결과 화면에서 측정 선택 화면으로 나가기 • 환경 설정에서 측정 선택 화면으로 나가기 • 교정 화면에서 환경 설정 화면으로 나가기
	2등식/4등식	• 측정 선택 화면에서 2등식 또는 4등식 선택 • 정대 화면에서 카메라 영상 확대 / 축소 • 측정 화면에서 카메라 영상 축소 / 확대
	좌측/우측	• 측정 선택 화면에서 좌선행 또는 우선행 선택 • 카메라 영상 패턴으로 보여주기 • 결과 화면에서 좌측 재측정 또는 우측 재측정 선택 • 환경 설정에서 설정값 선택 • 교정 화면에서 각 항목 우측 이동
	상향등/하향등	• 측정 선택 화면에서 상향등 또는 하향등 선택 • 정대, 측정 화면에서 레이저 끄기 또는 켜기 • 설정 화면에서 각 항목 하향 이동 • 교정 화면에서 각 항목 하향 이동
	다이얼스위치	• 교정 화면에서 각 항목 간 이동 • 정대 화면에서 노출값 수치 조정

• 정대(메인화면에서 측정방식을 선택한다.)

4등식

우 선행

하향등

키	선택사항
2/4	2등식 또는 4등식
L/R	좌선행(좌측등부터 측정) 또는 우선행(우측등부터 측정)
D/D	상향등 또는 하향등

측정방식을 선택한 상태에서 진행버튼을 누르면 정대화면으로 이동하며, 전조등의 등식을 선택하고, 좌측을 먼저 측정할 것인지, 우측을 먼저 측정할 것인지를 선택한 다음 하향등을 선택한다. 항상 일정한 규칙으로 사용하고자 한다면 메인화면에서 초기 설정값 세팅을 한다.

수광부 좌측의 줄자를 사용하여 수광부와 헤드램프 사이의 거리를 1m가 되도록 맞춘다. 카메라 영상의 십자 중심과 차량 헤드라이트의 중심을 일치시킨다. 이때 화면이 흐릿하면 다이얼을 돌려 노출값을 조정하여 선명한 영상을 확보한다.

패턴버튼을 눌러 헤드라이트의 형상을 이미지로 패턴화하며 이는 헤드램프의 중심을 정확하게 잡는데 도움을 준다.

다이얼을 돌려 빠르고 편리하게 수치를 변화시킬 수 있으며, 레이저 버튼을 사용하여 수광부 우측의 레이저(수평선)와 수광부 하단 레이저(수직선)을 쉽게 맞출 수 있다.

이때 레이저의 빛이 잘 보이지 않는 경우 차량의 헤드라이트를 끄고 손바닥이나 종이를 이용하여 레이저 빛을 확인한다.

전조등의 높이는 높이 센서를 통하여 자동으로 읽어 들인다.

키	선택사항
➡	측정 화면으로 이동합니다.
✖	측정 선택 화면으로 돌아갑니다.
2/4	카메라 영상을 확대/축소로 보여줍니다.
L/R	카메라 영상을 패턴별로 보여줍니다.
🔦	레이저 ON/OFF

진행버튼을 누르면 측정이 시작된다.

• 측정(측정값이 적합 범위에 있는 경우 라인이 청색으로 바뀌며, 부적합의 경우 적색으로 바뀐다. 물론 측정값도 적합이면 청색, 부적합이면 적색으로 바뀐다.

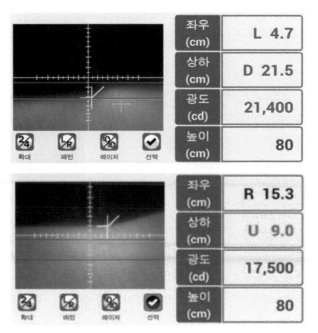

좌우 (cm)	L 4.7
상하 (cm)	D 21.5
광도 (cd)	21,400
높이 (cm)	80

좌우 (cm)	R 15.3
상하 (cm)	U 9.0
광도 (cd)	17,500
높이 (cm)	80

적합과 부적합시의 화면 출력 상태

키	선택사항
➡	다음 진행 화면으로 이동합니다.
✕	측정 선택 화면으로 돌아갑니다.
2/4	카메라 영상을 확대/축소로 번갈아 보여줍니다.
L/R	빛의 모습을 패턴으로 보여줍니다.
D/D	레이저 ON/OFF

• 결과(좌, 우측의 측정이 완료되면 진행 버튼을 눌러 판정화면을 확인한다.)

	좌측 등	우측 등
좌우 (cm)	L 9.7	L 3.8
상하 (cm)	D 23.5	D 29.6
광도 (cd)	21,400	23,500
높이 (cm)	80	80
재측정	적합	부적합

키	동작사항
➡	측정이 완료되어 측정 선택 화면으로 이동합니다.
✖	측정 선택 화면으로 돌아갑니다.
L/R	재측정을 위해 좌, 우측 등을 번갈아 선택합니다.

Section 04

GDS 사용하기

+ GDS 사용하기

01 GDS 사용하기

전국 자격증 시험장에서 파형을 측정하고 분석함에 따른 장비로 GDS와 HI-DS가 주로 사용되며, 현재로서는 GDS가 가장 보편적으로 많이 사용되고 있다. GDS의 사용환경과 HI-DS의 사용환경이 다소 다르기는 하나 GDS든 HI-DS든 어느 하나를 잘 사용한다면 크게 문제될 여지는 없다. 따라서 여기서는 GDS에 대한 사용방법을 자세하게 알아보기로 하자.

(1) GDS 프로그램 구동하기

① 상기 바탕화면에서 GDS 아이콘을 더블 클릭한다.

(2) 로그인하기

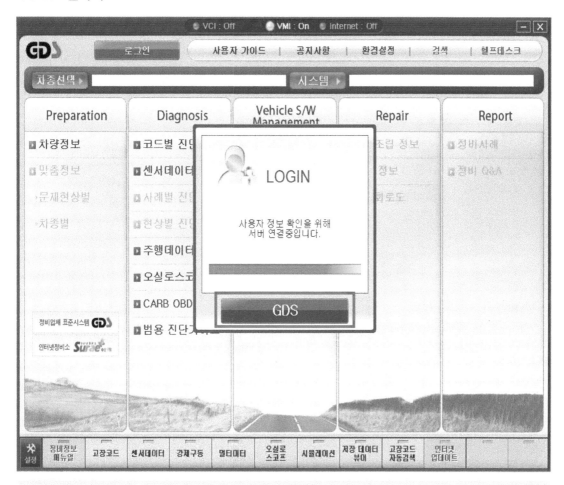

GDS는 프로그램이 실행되면 LOGIN창이 활성화되며 사용자 정보를 확인하게 된다. 이때 하단의 GDS 버튼을 누르게 되면 LOGIN없이 GDS를 실행하게 된다.

시험장에 따라 Internet을 활성화하여 LOGIN 상태로 시험을 보는 곳도 있겠으나 대부분은 Internet의 연결을 하지 않고 시험을 본다. 이유는 Internet이 연결되어 있는 경우 각종 도움말이나 기타 정보를 열람하여 시험에 임하므로 부정행위가 일어날 수 있기 때문이다.

GDS의 경우 업그레이드를 4주 이상 하지 않게 되면 프로그램이 실행되지 않는다. 물론 한번의 LOGIN으로 7일을 사용할수도 있으며, 그렇지 않을 경우 날짜를 과거로 조정하여 강제로 실행하는 방법도 있다.

① 상기와 같이 Internet이 연결되지 않은 경우 LOGIN창 아래에 있는 GDS 아이콘을 클릭한다.

(3) GDS 초기화면 구성 알아보기

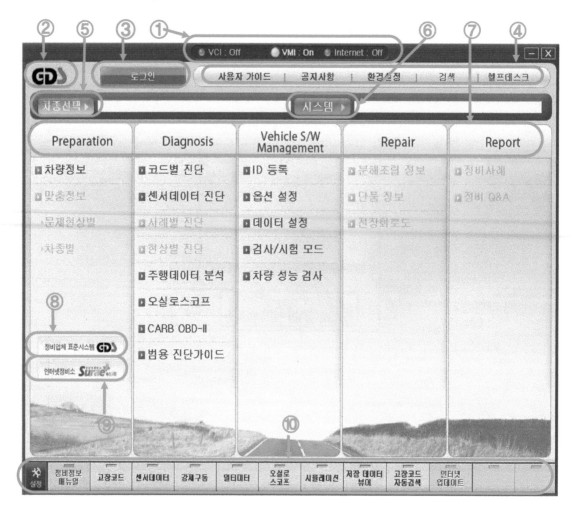

① **상태 표시창** : VCI와 VMI 및 Internet에 대한 상태를 나타내는 창으로 VCI는 스캔툴을, VMI는 오실로스코프를, Internet에 대한 On 또는 Off 상태를 의미한다. 현재는 VMI가 On되어 있음을 표시하고 있다.

② **초기화면 이동 아이콘** : 각각의 기능을 구현하다가 초기 화면으로 이동하려고 할 때 GDS 를 클릭하면 초기화면으로 이동한다.

③ **로그인 버튼** : Internet이 연결되어 있는 상태에서 각종 정보를 보고자 할 때, 또는 사용자를 바꾸고자 할 때 로그인 버튼을 눌러 로그인을 하거나, 사용자를 변경한다.

④ **상단 메뉴바** : 사용자 가이드는 GDS의 구성 및 사용방법을 PDF 파일로 열람할 수 있도록 되어 있으며, 공지사항은 업그레이드와 관련한 공지를 확인하는 버튼이며, 환경설정은 GDS 의 전체적인 환경에 대한 설정, 셋팅, 점검 등을 위한 버튼이다. 검색 및 헬프데스크 버튼은

GDS를 사용하면서 발생하는 여러 가지 궁금한 점 등을 묻고 찾아보는 버튼이다.

⑤ **차종선택 버튼** : GDS는 차종선택을 하는데 있어 이 버튼을 눌러 차종을 선택하거나 Diagnosis의 코드별 진단이나 센서데이터 진단 또는 오실로스코프 버튼을 클릭한 후 차종을 선택하는 방법이 있다.

⑥ **시스템선택 버튼** : 차종을 선택하고 난 후 시스템을 선택하는 버튼이다.

⑦ **주 메뉴 창** : 차량에 대한 정보, 진단 모드, 셋팅 및 검사모드, 정비정보 등에 관한 창으로 로그인을 하여야 활성화되는 기능이 있고 로그인 없이 활성화가 가능한 기능들이 있다. 흐리게 딤드 처리되어 있는 부분이 로그인을 하여야만 사용할 수 있는 기능들을 의미한다.

⑧ GDS 홈페이지로 이동하는 버튼으로 GIT사의 여러 제품에 대한 정보를 볼 수 있다.

⑨ **수레닷컴 홈페이지 버튼** : GIT 제품을 사용하는 유저들이 각종 정보를 올리고 볼 수 있는 홈페이지로 주로 정비사례, 정비 정보 등을 이용한다.

⑩ **빠른 실행 아이콘** : 좌측의 설정 버튼을 클릭하여 사용자위주의 설정을 통하여 빠르게 해당기능을 실행하기 위한 아이콘들을 모아두었다.

(4) 차종 선택

① 차종 선택 버튼을 클릭하면 상기화면처럼 제조사/ 차명/ 연식/ 엔진타입을 선택할 수 있다.

② 확인 버튼을 클릭하여 차종 선택을 완료한다.

> ※ GDS를 활용하여 고장코드 진단이나 센서데이터를 진단하고자 할 때에는 연식이 맞지 않게 되면 통신이
> 되지 않을 수 있으므로 주의해야 한다.

(5) **시스템 선택**

① 차종선택이 되면 자동으로 시스템을 선택하는 창이 표출된다. 시스템 선택 창에서 엔진
을 클릭하면 선택된 시스템에 엔진제어가 선택되어지게 된다. 이때 차종이나 차명 또는
연식이나 엔진타입의 선택이 잘못되어있는 경우 각 해당 버튼을 클릭하여 변경할 수 있
다.

② 확인 버튼을 클릭한다.

> **참고** 우리가 GDS를 사용하여 하고자하는 것은 오실로스코프이다. 따라서 사실 차종/ 차명/ 연식/ 엔진타
> 입/ 시스템을 반드시 정확하게 선택할 필요는 없다. 다만, HI-DS의 경우 점화파형을 측정할 때 점화
> 모드에서 측정을 한다면 반드시 정확하게 선택을 하여야 한다. 이는 장비의 특성에 기인한다. 하지만
> 차종과 시스템을 선택하여야만 다음으로 이동할 수 있으므로 해당 차종과 이에 맞는 연식, 엔진타입을
> 선택하는 것이 바람직하다고 할 수 있다.

(6) 오실로스코프 실행하기

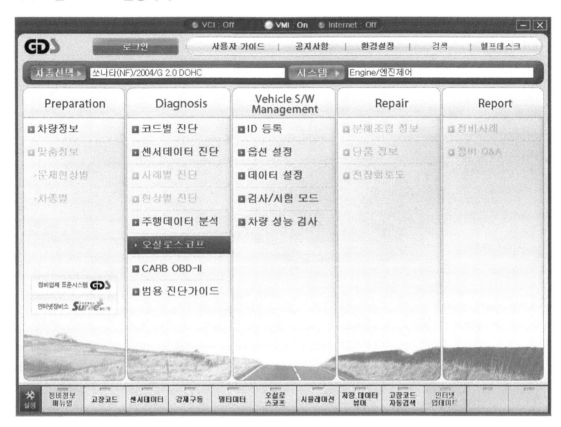

① Diagnosis의 오실로스코프를 선택한다.

참고 상단 차종선택과 시스템에 선택한 사양을 볼 수 있으며, 상기 화면은 로그인을 하지 않은 상태로 흐리게 딤드 처리되어 있는 기능은 사용할 수 없다.
하단에 설정 버튼 옆에 정비정보 매뉴얼의 버튼이 Off되어 있는 것을 확인할 수 있는데 Internet이 연결되어 있고 로그인이 되어 있는 경우에 해당 버튼이 활성화가 되며, 해당 차종에 대한 각종 정보(부품의 기능, 역할, 위치, 회로도, 파형에 대한 정보, 부품의 분해 조립 등)를 볼 수 있으므로 대부분의 시험장에서는 Internet 연결을 하지 않거나 로그인을 하지않은 상태로 시험을 진행한다.

(7) 오실로스코프 화면 알아보기

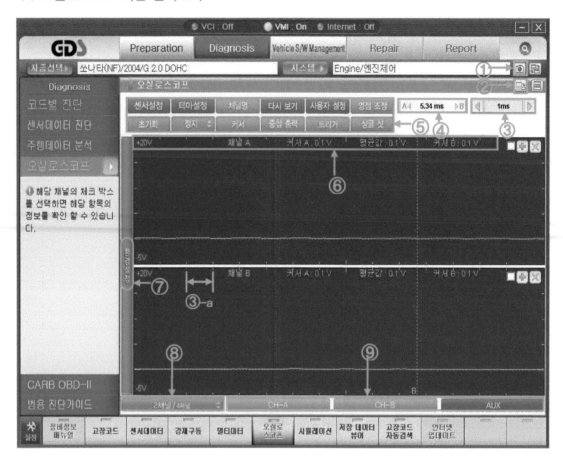

① 카메라 버튼 📷 : 측정한 파형을 파일로 저장하거나 프린트할 때 사용하는 버튼으로 파형을 출력할 때 사용한다.

② 창 전환 버튼 📇 : 오실로스코프 창을 작은 화면과 큰 화면으로 전환하는 버튼으로 주요 특징은 상기화면의 채널A와 B의 데이터 값이 각각의 채널 상단에 표출되고 더욱이 일부의 데이터 값만 표출되는데 큰 화면으로 전환하면 우측으로 전체의 데이터 값을 표출한다.

큰 화면에 대한 사항은 10) 큰 화면의 구성과 전압 축을 참조한다.

③ 시간 축 조정 버튼 ◁ **1ms** ▷ : 수직 칸에 대한 칸 당 시간에 대한 값으로 1ms는 1/1000초를 의미한다. ③-a를 보면 데이터 값이 표출되는 바로 위쪽에 수직에 대한 칸들이 나열되어 있는데 한 칸에 대한 시간을 나타낸다. 특징은 0의 시점이 정해져 있지 않다.

좌측 ◁ 버튼을 누르면 시간을 줄이는 것으로 어떤 물체를 눈에 가깝게 본다고 생각하면 된다. 이는 그 물체의 일부를 더 정확하게 볼 수는 있으나 전체적인 형태를 보기에는 어렵다. 우측 ▷ 버튼을 누르면 시간을 늘리는 것으로 어떤 물체를 멀리서 본다고 생각하면 된다. 이는 그 물체의 전체적인 모양, 상태를 파악할 수는 있으나 멀리서 물체의 특정 부분을 정확하게 볼 수는 없다. 따라서 파형을 분석하기 가장 좋은 시간으로 설정한다.

④ A커서와 B커서간의 시간 표출 | A◁   **5.34 ms**   ▷B | : 파형을 측정하여 데이터 값을 판독하는데 있어 A커서와 B커서간의 시간을 표출하는 것으로 작동 시간을 나타낸다. 데이터 값 상단의 시간 축에 시점을 정확하게 일치시킬 필요는 없다. 즉 ③의 시간 축에 대한 커서간 시간을 표출한다.

⑤ 여러 가지의 기능을 모아 놓은 영역으로 주로 사용할 버튼은 채널명, 영점조정, 초기화, 정지, 커서, 트리거 버튼 정도이며, 이중에서도 부여받은 파형 측정 항목에 따라 선택적으로 사용한다.

- **채널명** : 파형 측정 창에 "채널 A"라고 표출되는 것을 사용자가 원하는 대로 표출할 수 있도록 변경하는 버튼으로 A채널과 B채널, AUX채널에 대한 채널의 이름을 변경할 수 있다.
  파형을 출력함에 있어 무조건 채널명을 바꿔야 하는 것은 아니다.

- **영점 조정** : AUX채널을 사용할 때 반드시 사용하는 버튼으로 GDS의 경우 소전류 센서와 대전류 센서 및 압력센서에 대한 영점을 조정한다. 대전류는 100A와 1000A로 구분되어져 있으며, 압력센서는 가솔린과 디젤로 구분되어져 있다. 자세한 사항은 9) 영점 조정을 참조한다.

- **초기화** : 파형을 측정하다 잘못 측정을 하였거나 다시 측정을 할 필요가 있을 때 사용하는 버튼이다.

- **정지 ⬍** : 파형을 측정하면서 분석 포인트가 표출되면 정지 버튼을 클릭하고 화면의 중앙으로 파형의 분석 포인트가 위치하도록 조정을 한다. 현재의 화면은 측정 중인 상태로 화면 하단에 슬라이딩 바의 표출이 되지 않으며, 정지를 시켰을 때 나타난다.

- **커서** : 파형을 측정하여 분석 포인트가 표출되면 A커서와 B커서를 분석 포인트에 위치 시켜야 하는데, 기본적으로는 이 버튼을 사용하지 않아도 된다. 마우스의 왼쪽 버튼이 A커서, 오른쪽 버튼이 B커서 역할을 한다. 다만, 이 버튼을 누르게 되면 커서의 선택이 바뀌므로 마우스의 왼쪽 버튼이 무조건적으로 A커서가 되지는 않는다. 커서 버튼을 클릭할 때마다 선택되어지는 커서가 변경된다.

- **트리거** : 측정하는 파형의 항목 중에서 주로 피크 전압이 발생되는 파형인 인젝터, 점화 파형같은 경우와 트리거 시점이 필요한 항목들에 한해 사용한다. 버튼을 클릭할 때마다 올림, 내림, 노 트리거로 변경된다. 기타 나머지 버튼들은 시험과는 크게 무관함으로 생략한다.

⑥ 상태 표시 : 설정 전압, 채널명, 커서에 대한 데이터 값을 표시한다.

⑦ 환경 설정 : 해당 채널에 대한 전압, 파형 출력조건 등을 설정하는 창으로 8) 환경설정을 참조한다.

⑧ 채널 설정 버튼 : 현재는 2채널로 되어 있음을 나타내기 위하여 4채널보다 크게 보인다. 해당 버튼을 눌러 4채널로 설정하게 되면 기본적으로 창이 4개로 표출된다. 하지만 자격시험에서 4채널을 사용하는 경우가 극히 없고 4채널로 설정하여 채널프로브를 잘못 연결하는 경우 VMI 모듈이 손상될 수 있으므로 2채널 사용을 권장한다.

⑨ 채널 선택 버튼 : 채널A와 B, AUX 채널의 사용여부를 선택하는 버튼이며, 해당 채널 화면의 우측에 X버튼을 눌러 채널을 닫을 수도 있으며, 그 옆의 + 버튼으로 확대도 가능하다.

[파형 측정중에 정지 버튼을 클릭했을 때의 화면]

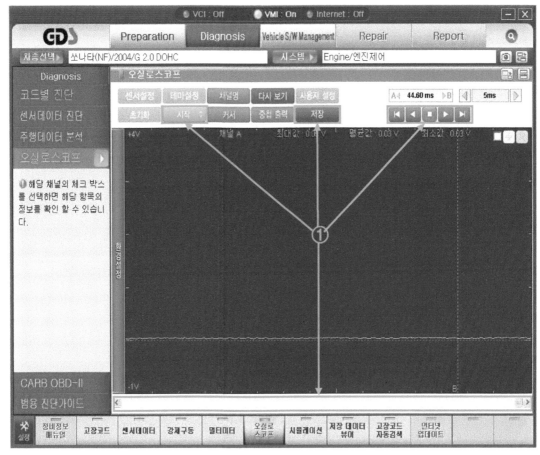

① 정지 화면에서 버튼의 의미

• 시작 ÷ : 시작 버튼을 누르게 되면 지금까지 측정한 파형은 삭제가 되고 다시 측정한다.

• 저장 : 롤링 데이터로 저장을 한다. 분석에 있어 지속적인 파형의 변화를 보고자 할 때 사용되며, 시험에서는 거의 사용하지 않는다.

• ◄◄ ◄ ■ ► ►► : 롤링된 데이터의 파형을 앞이나 뒤로 돌려 분석을 할 때 사용한다. 시험에서는 거의 사용하지 않는다.

• ■ ► : 파형을 측정한 후 화면의 중앙으로 파형을 표출시키기 위해 슬라이딩 바를 잡아 좌, 우측으로 이동하여 파형을 보기 좋게 정렬한다.

(8) 환경설정

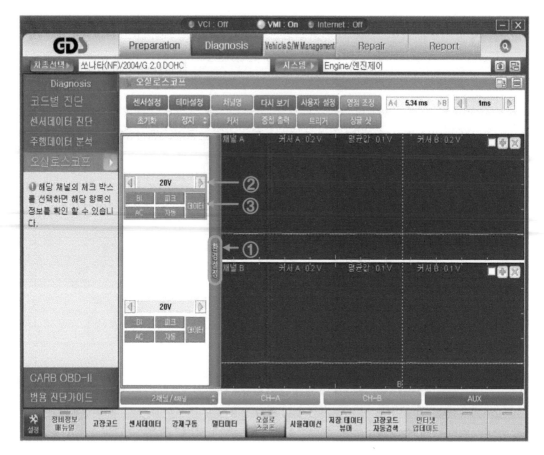

① 환경 설정 버튼을 클릭하면 창이 우측으로 밀리면서 채널에 대한 환경을 설정하는 창이 펼쳐 진다. 다시 환경 설정 버튼을 누르면 창이 원래대로 좌측으로 닫히게 된다.

② **전압 설정 버튼** : 좌측과 우측의 삼각형을 눌러 전압을 내리거나 올릴 수 있다. 측정하고 자 하는 파형의 최대 전압을 고려하여 설정하면 된다.

전압을 낮게 내리면 파형의 크기는 확대가 되어 커지게 된다. 이는 앞서 시간 축에 대한 설정과 마찬가지로 일부에 대하여 크게 볼 수는 있으나 전체적인 모양이나 형태를 파악 하기에는 맞지 않다. 반대로 전압을 높이면 파형의 크기는 작아진다.

③ **파형 측정환경 설정 버튼** : BI/UNI, 피크/일반, AC/DC, 자동/수동, 데이터를 설정하는 버튼들로 구성되어져 있으며 다음과 같다.

• BI : 현재 UNI 폴로로 설정이 되어 있음을 나타내고 BI 버튼을 누르게 되면 설정 을 BI 폴로로 바꾸게 된다. 그러면 버튼은 UNI 바뀌어 표출된다. BI 폴로와 UNI 폴로의 차이점은 0V 시점을 어느 곳에 위치시키느냐의 차이이다. 일반적인 파형은 UNI

폴로로 측정을 하며 이는 0V 시점이 하단에 위치하고, +와 (−)전압을 표출하는 경우, 예를 들어 인덕티브 방식의 크랭크 각 센서나, ABS 휠 스피드 센서 같은 경우에는 BI 폴로로 설정한다.

- **피크** : 현재의 설정은 일반으로 되어 있음을 나타낸다. 즉 피크 버튼을 누르면 피크 모드로 변경이 되고 버튼은 **일반** 으로 변경된다. 부품 중에서 코일로 이루어진 부품 즉, 인젝터, 점화코일, 솔레노이드 밸브 등에서 피크 전압을 분석해야 하는 파형은 이 피크 버튼을 눌러 일반으로 표출되게 하여야 실제로는 피크 모드로 측정을 한다는 것이다. 만약 피크 전압을 측정하여야 하는 파형을 일반 모드로 측정하면 피크가 제대로 잡히지 않으므로 원하는 모양의 파형 측정이 되지 않으며, 일반 모드로 측정하여야할 파형을 피크 모드로 측정을 하게 되면 전체적인 파형이 진하고 굵게 측정이 되고 잡음이 지나치게 많이 잡히게 되어 파형의 모양이 일그러질 수도 있다.

- **AC** : 일반적인 파형의 측정은 모두 DC로 측정을 한다. 즉, 현재 DC 모드로 측정 중임을 알 수 있다. 이 AC 버튼을 누르면 AC 모드로 변경이 되고 화면에는 **DC** 로 표출된다.

만약 AC 모드로 파형을 측정하게 되면 모양이 전혀 다른 파형이 측정되거나 모양은 비슷하지만 데이터 값들이 완전히 틀어진 상태로 표출이 된다.

- **자동** : 현재 수동 모드로 파형을 측정하고 있음을 나타내며, 자동 버튼을 누르면 자동으로 전압을 맞추게 된다. 하지만 시간 축은 변경되지 않으며 파형의 분석에 따라 전압을 내려서 측정할 수도 있으므로 권장하지는 않는다.

- **데이터** : 현재 데이터 값은 커서A와 평균값, 커서B 값이 표출되고 있는데 이 데이터 버튼을 누르게 되면 최대값, 평균값, 최소값과 주파수, 듀티(−), 듀티(+)등으로 데이터 값의 표출이 변경된다.

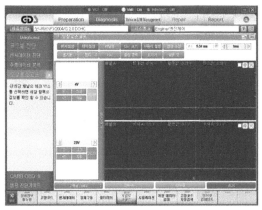 

함께하는 자동차정비기능장의 길

(9) 영점 조정

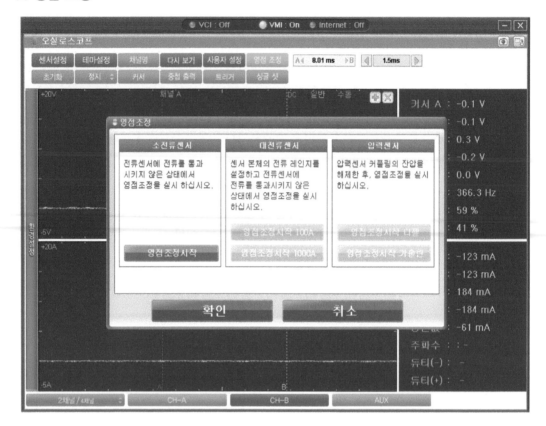

영점 조정 버튼을 클릭하면 상기와 같은 창이 열리고 해당되는 센서만 활성화된다.

영점 조정이 완료되면 확인버튼을 클릭한다.

영점 조정 중과 측정 중에 센서의 후크가 완전히 닫힌 상태가 되어야 정확한 영점과 측정이
가능하다.

⑽ 큰 화면의 구성과 전압 축

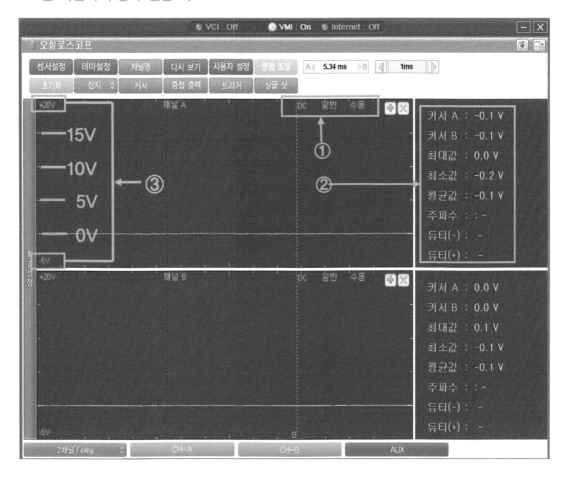

① 상태 표시 : 화면을 크게 한 경우 환경설정에서 설정한 DC/AC, 일반/피크, 수동/자동에
   대한 선택에 따른 결과가 상기와 같이 표시된다. 따라서 파형을 측정할 때 가급적이면 큰
   화면을 출력하는 것이 실수를 줄이는 방법이다.

② 데이터 창 : 작은 화면에서는 데이터 값이 상단에 일부만 표출되고 환경설정에서 데이터
   버튼을 클릭하여 원하는 데이터 값을 판독할 수 있지만 큰 화면으로 출력을 하게 되면
   우측에 전체의 데이터를 쉽게 판독할 수 있는 장점이 있다.
   커서A 보다 앞쪽에 있는 데이터 또는 커서B 보다 뒤에 있는 데이터는 표출되지 않으므
   로 분석하고자 하는 파형의 앞과 뒤 또는 정확한 위치에 커서를 두어야 데이터를 판독할
   수 있다. 즉, 데이터 창의 값들은 커서A와 커서B 사이의 데이터이다.

③ 전압 축 : 가장 아래가 -5V를 가장 위쪽이 +20V를 나타낸다. 이는 환경설정에서 전압을
   20V로 설정하였다는 것이며 중간에 0V, 5V, 10V, 15V의 위치가 표시되어 있다. 즉, 데

자동차정비기능장의 길

이터 값을 꼭 보지 않는다 하더라도 대략적인 출력 전압을 판독할 수 있으며, 0V의 위치
가 아래에서 위쪽으로 살짝 올라가 있는데 이유는 아래에 위치시킬 경우 0V 이하로 떨
어지는 전압에 대한 판독이 불편해지고 데이터 창에서도 에러가 발생할 수 있다.

⑴ 파형 측정시 커서의 올바른 위치를 잡는 방법

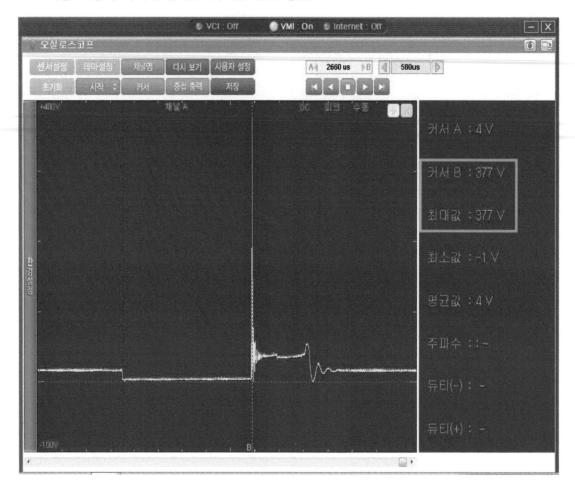

상기 파형은 점화 1차 파형으로 우측 데이터 창의 값을 보면 커서B값과 최대값이 같은 것을
볼 수 있다. 이는 드웰시간과 피크(써지)전압의 분석은 물론 다음 파형에서 볼 점화시간 분
석을 빠르게 분석할 수 있는 방법이기도 하다.

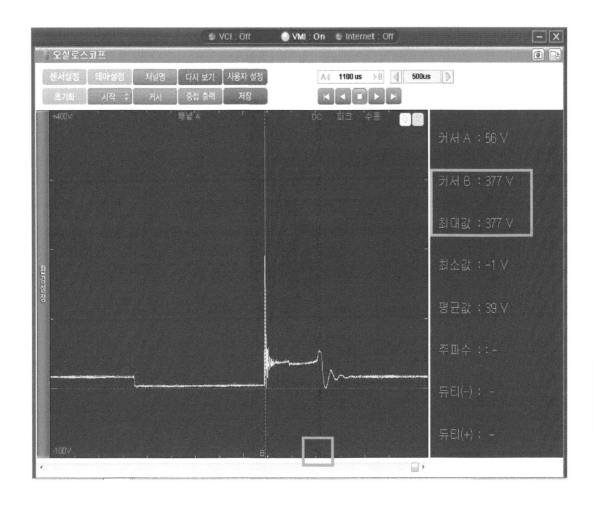

상기 파형을 보면 커서B값이 그대로 있는 것을 볼 수 있다. 즉 드웰시간의 판독을 위해 놓았던 커서A를 점화시간의 판독을 위해 방전종지전압으로 이동하였다.

시험을 보면서 커서의 위치를 정확하게 잡기위해 커서A와 B를 여러 번 움직이면서 마우스를 부산하게 움직일 필요가 없다는 것이다.

⑿ 커서 위치와 설정 불량 사례

다음은 커서 A와 B의 위치를 잘못 잡은 사례로서 물론 아주 잘못했다는 것은 아니나 올바른 장비의 사용방법을 통해서 능숙하고 빠르게 파형을 측정하고 분석하여야 함을 강조하고자 한다.

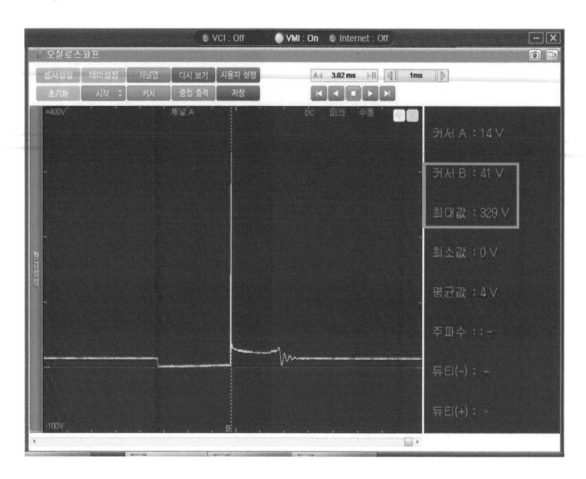

상기 파형에서 커서B값과 최대값에 차이가 있다. 즉 커서B의 위치가 피크전압을 지난 위치에 잡혀 있다는 것을 볼 수 있다. 또한 파형의 크기가 다르게 보이는데 이는 시간 축의 설정을 앞에서는 500μs로 설정을 하였고 여기에서는 1ms로 설정을 하였다. 여기에서 시간 축의 설정이 잘못되었다고 볼 수는 없다.

파형은 분석이 쉽고 보기 좋게 출력하면 되기 때문이다.

다음은 디젤 인젝터의 파형으로 채널에 대한 설정 중 피크전압으로 설정을 하여야 하나 일반으로 설정하여 측정한 파형이다. 아래의 파형은 운이 좋게 피크부근에서 파형을 측정한 것이나 측정조건이 피크로 되어야 하므로 잘못 측정한 파형이라고 할 수 있다.

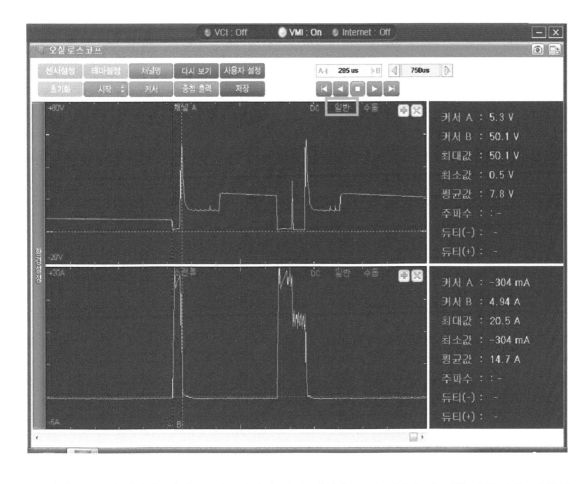

다음 아래의 파형은 에어플로우 센서의 공급 전원과 출력 전압을 측정한 파형이다. 파형의 측정이 정상적으로 되어 있는지 아니면, 틀린 부분이 무엇인지 파형을 보고 알 수 있어야 한다.

아래 파형을 먼저 보고 생각을 한 후에 파형의 분석을 보기 바란다.

파형 분석

공회전에서 급가속한 파형으로 공급 전원을 보면 잡음이 많고 굵어진 것을 볼 수 있다. 이는 채널A의 환경설정에서 피크모드로 되어 있다는 것을 알 수 있다. 최대값이 15.7V로 표출된 것 또한 피크 모드에서 순간적으로 발생되는 써지 전압들을 잡았기 때문이다. 물론 이런 선형적인 파형에서 최대값을 읽을 필요는 없고 평균값을 판독하면 된다. 평균값이 14.5V이므로 출력값 자체는 양호하나 파형의 환경을 잘 못 설정하였다고 할 수 있다.

출력전압은 최대값이 4.46V이고 WOT이후에 급격하게 패여진 것을 보면 AFS는 정상적으로 작동한다는 것을 알 수 있으며 최소값이 1.25V로 공회전 전압을 판독할 수 있다. 또한 공회전 구간에서 WOT로 올라가는 부분이 가파르게 상승하였으므로 출력전압은 양호하다. 즉, 아래의 파형은 양호한 파형이나 설정이 잘못된 장비의 사용 미숙에 해당한다.

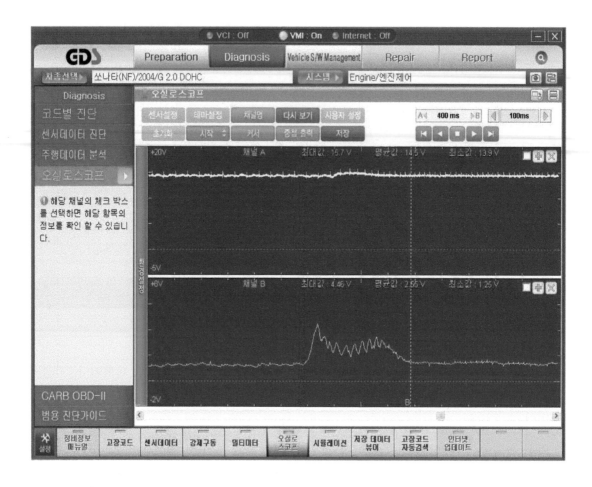

다음 아래의 파형은 입력축 속도센서와 출력축 속도센서의 파형으로 흔히 PG-A, PG-B라고도 하며, 펄스제네레이터 A, B라고도 한다.

파형에서 윗부분과 아랫부분이 매우 불안정한 상태를 알 수 있은데 이는 접지가 불량한 경우에 해당된다. 차량의 입력축 속도센서와 출력축 속도센서의 접지가 불량한 것이 아니라 VMI의 (−) 프로브와 배터리 집게의 연결 상태, 또는 배터리 (−)단자와 집게와의 접촉상태가 불량함을 예측할 수 있다. 따라서 파형을 측정할 때 탐침 프로브를 확실하게 커넥터에 깊숙이 접촉시키고 (−) 프로브나 집게도 확실하게 고정을 하여야 한다.

또한 아래의 파형을 보고 입력축 및 출력축 속도센서라고 알 수도 있겠지만 무슨 파형인지 모를수도 있다. 따라서 이러한 파형의 경우는 채널명 버튼을 클릭하여 각 채널에 대한 액추에이터나 센서의 명칭을 써주는 것이 다른 사람들에게 명확하게 전달할 수 있다.

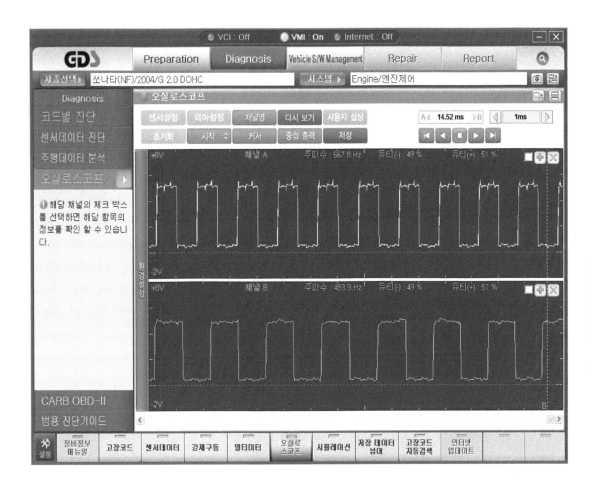

(13) 프린트하기

앞서 오실로스코프 화면 알아보기에서 프린트를 하기위한 아이콘을 알아보았다.

프린트를 하기위해서는 우선 파형이 측정되고 있는 화면을 정지시켜야 한다.

다음 우측 상단에 카메라 버튼 🔘 을 클릭하여 설정에 따라 인쇄를 할 수 있는데 일반적으로 별도의 설정 없이 선택영역 인쇄를 클릭하여 프린트를 한다.

다만 프린트 설정에 대하여 알아보고 실습을 할 때 다양한 조건으로 연습도 하고 파일로 저장하여 자신이 측정한 파형들을 보관할 수도 있다.

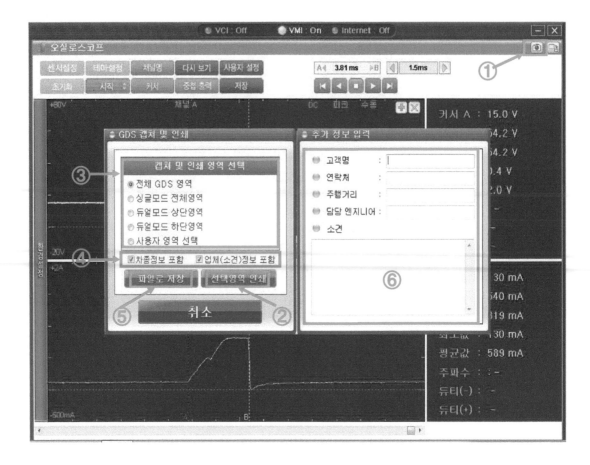

① **프린트 버튼** : 프린트 버튼을 클릭하면 화면처럼 GDS 캡쳐 및 인쇄 창이 열린다.

② **선택영역 인쇄 버튼** : 초기 값이 전체 GDS 영역으로 설정되어 있으므로 클릭하여 인쇄를 할 수 있다.

③ **캡쳐 및 인쇄영역 선택 창** : GDS 화면에서 어느 영역을 인쇄할 것인지를 선택하는 창이다.

④ **정보의 선택** : 인쇄할 때 차종정보를 포함하여 인쇄를 할 것인지, 업체(소견)정보를 포함하여 인쇄를 할 것인지를 선택한다.

⑤ **파일로 저장 버튼** : 프린트를 하지 않고 파일로 저장을 하여 보관하고자 할 때 사용한다. 자신이 연습하고 측정한 파형의 결과물을 사진으로 촬영하는 것 보다 파일로 저장하는 것을 권장한다.

⑥ **추가 정보 입력창** : 고객명, 연락처, 주행거리, 담당엔지니어, 소견 등을 작성할 수 있는 창으로 현장에서 GDS를 사용하고 있다면 이곳에 정보를 입력하여 고객에게 프린트물을 제공하여 신뢰성을 향상시킬 수 있다.

부록

- 수험자 유의사항
- 작업형 문제 Ⅰ~Ⅹ

✛ 수험자 인적사항 및 답안작성은 검은색 필기구만 사용하여야 하며, 그 외 연필류, 빨간색, 파란색 등의 필기구를 사용하여 작성할 경우 0점 처리되오니 불이익을 당하지 않도록 유의해 주시기 바랍니다.

✛ 답안 정정 시에는 정정하고자 하는 단어에 두 줄(=)을 긋고 다시 작성하거나 수정테이프(수정액 제외)를 사용하여 정정하시기 바랍니다.

✛ 시험위원의 지시에 따라 실기작업에 임하며, 각 과정별 작업은 안전사항을 준수하여 작업합니다.

✛ 과제별 기록표 작성은 본인의 비번호와 엔진번호, 작업대 번호, 자동차 번호 등을 먼저 기록하고, 시험위원의 지시에 따라 문제의 요구사항에 의거 해당부위를 점검 및 측정하여 기록표의 내용을 작성하여야 합니다.

✛ 엔진, 섀시, 전기 작업별로 기록표 작성이 있는 과제는 매 과정이 끝날 때마다 시험위원에게 기록표를 제출하여야 합니다.

✛ 부품교환 작업 시 교환 부품에 대하여는 반드시 시험위원의 확인을 받은 후 조립 등 다음 작업에 임하여야 합니다.

　• 수험자가 '완료'되었다는 의사표현이 있을 때 시험위원이 확인합니다.

　• 작업 과정의 확인을 의뢰(완료 의사 표현)한 경우 작업이 완료되었음을 의미하며 이후 동일 작업에 대한 것은 채점대상에서 제외됩니다.

✛ 검정장비, 측정기기 및 시험기기의 취급은 조심스럽게 취급하여 안전사고 및 각종 기재 손상이 발생되지 않도록 주의하여야 합니다.

✛ 모든 측정기 또는 시험기 등의 설치 및 조작은 반드시 수험자 본인이 직접 실시하며 작업중 필요한 특수공구는 시험장에서 제공된 것을 수험자 본인이 직접 선택하여 사용합니다.

✛ 전자제어 시스템 취급 시 안전수칙을 지켜 전자부품에 손상이 가지 않도록 합니다.

✛ 전기회로관련 기록표 작성 시 제시된 회로도의 부품명칭, 커넥터 번호, 핀 번호 등을 참고하여 기록합니다.

✛ 기준값에 관한 사항

　• 작업 시 필요한 각종 전기회로도와 기록표의 규정(정비 한계, 기준)값은 정비지침서, 측정장비(스캐너 등), 시험장에서 제공하는 자료 등에서 수험자가 직접 찾아 참조 및 기록합니다.

　• 검사에 관한 기준값은 제시하지 않습니다.(자동차관리법, 자동차 및 자동차부품의 성능과 기준에 관한 규칙, 대기환경보전법, 소음·진동관리법 등)

✛ 수치기록에 관한 사항

　• 지침서 또는 장비 등에 표기된 단위와 상이하더라도 SI 또는 MKS를 사용합니다.

　• 자동차검사와 관련된 수치의 기록은 자동차검사 관련법규를 준용합니다.

✛ 기록표 작성에서 다음 각 항에 해당하는 경우는 틀린 것으로 합니다.

　• 측정값의 단위는 SI 또는 MKS를 사용하여야 하며, 단위가 없거나 틀린 경우

　• 의미가 달라질 수 있는 단위 접두어의 대·소문자가 틀린 경우

　• 교환, 수리, 조정 등의 정비 및 조치사항에서 연계되는 후속조치 사항이 없는 경우

　• 기록표 기재사항에서 정정 날인 없이 정정된 개소(정정 시 시험위원이 입회·정정·날인해야 함)

✛ 다음 각 항에 해당하는 경우 해당항목을 "0"점 처리합니다.

　• 해당 작업 과정별(엔진, 섀시, 전기)시험시간을 초과하여 작업을 할 경우에는 과정별로 "0"점 처리하며, 과정별 소항목 과제시간은 시험위원의 지시에 따라 시행합니다.

　• 소항목의 제한된 시간 또는 작업 회수 초과 시 해당 작업은 "0"점 처리되며, 연속된 과제를 작업할 수 없습니다.

　• 작업의 최종 완료 시 주어진 자동차(또는 엔진 등)가 정상적인 주행(작동)이 불완전한 상태인 경우 해당부분은 "0"점 처리됩니다.(최종 완료 시는 자동차 또는 엔진 등이 주행(또는 정상 가동)할 수 있는 상태입니다.)

　• 작업(또는 점검 및 측정) 중 분해 및 탈거 부품을 완전 조립하지 않거나 규정된 토크로 조이지 않고 최종 완료한 경우 해당부분은 "0"점 처리됩니다.

　• 기능 미숙으로 안전사고, 기재 손상 등이 우려되는 경우 "기능미숙"으로 해당부분은 "0"점 처리됩니다.

　• 점검·측정항목에서 시험기 및 측정기 사용이 미숙한 경우 해당부분은 "0"점 처리됩니다.

　• 요구사항 또는 시험위원의 지시사항과 다른 작업을 할 경우 해당부분은 "0"점 처리됩니다.

✛ 다음 각 항에 해당하는 경우는 채점대상에서 제외 됩니다.

　• 기권

　　– 수험자 본인이 수험 도중 기권 의사를 표시하는 경우

　• 실격

　　– 수험자 간 대화를 하거나, 타인의 결과기록표를 보고 기록하거나, 보여주는 경우

　　– 휴대폰 또는 기타 통신기기를 휴대하여 사용하는 경우

　　– 엔진, 섀시, 전기 과정별로 응시하지 않거나 어느 한 과정 전체가 "0"점일 경우

　　– 작업이 극히 미숙하여 안전사고 및 기자재 손상이 발생된 경우

　　– 기타 시험과 관련된 부정행위를 하는 경우

✛ 수험자는 시험용 시설 및 장비를 주의하여 다루어야 하며, 자신 및 타인의 안전을 위하여 알맞은 복장을 반드시 착용하여야 합니다.

✛ 시험 중 수험자는 반드시 안전수칙을 준수해야 하며, 작업 복장상태, 정리정돈 상태, 안전사항 등이 채점대상이 됩니다.

※ 과제 시작 전 간단한 몸 풀기(스트레칭) 동작으로 긴장을 풀고 과제를 시작하십시오.

1. 요구사항

(1) 엔진

① 주어진 전자제어 엔진에서 시험위원의 지시에 따라 타이밍벨트 텐셔너와 배기가스 재순환장치(EGR)를 탈거하고 시험위원에게 확인 후, 다시 조립(부착)하고 엔진 및 시동 관련회로를 점검한 후 시동작업과 기록표의 요구사항을 점검 및 측정하고 기록표에 기록하시오.(단, 시동되지 않는 경우 "②"는 작업할 수 없음)

② 주어진 엔진에서 시험위원의 지시에 따라 기록표 요구사항을 점검 및 측정하여 기록하시오.

③ 주어진 자동차에서 크랭킹은 가능하나 시동되지 않고, 시동된 후에도 부조가 발생합니다.
고장원인을 찾아 수리 후 기록표에 기록하시오.

(2) 섀시

① 주어진 자동차에서 시험위원의 지시에 따라 전륜 현가장치의 로어암을 탈거하고 시험위원에게 확인 후, 다시 조립(부착)하여 조향장치 작동상태를 점검한 후 기록표의 요구사항을 점검 및 측정하여 기록하시오.

② 주어진 전자제어 자동변속기 자동차에서 시험위원의 지시에 따라 인히비터 스위치를 탈거하고 시험위원에게 확인 후, 다시 조립(부착)하여 1단에서 최고단까지 주행하여 작동상태를 확인하고, 기록표의 요구사항을 점검 및 측정하여 기록하시오.

(3) 전기

① 시험위원의 지시에 따라 자동차에서 발전기 및 관련 벨트를 탈거하고 시험위원에게 확인 후, 다시 조립(부착)하여 작동상태를 확인하고, 기록표의 요구사항을 점검 및 측정하고 기록표에 기록하시오.

② 주어진 자동차에서 정비지침서의 회로도를 이용하여 기록표에서 요구하는 회로를 점검하고, 이상내용을 기록표에 기록한 후 정비하시오.

③ 주어진 자동차에서 시험위원의 지시에 따라 기록표의 요구사항을 점검 및 측정하여 기록하시오.

2. 지급재료 목록

재료명	규격	단위	수량	재료명	규격	단위	수량
ECU	자동차용	개	1	중앙집중장치(ETACS)	자동차용	개	1
TDC센서	자동차용	개	1	크랭크축리테이너	자동차용	개	1
다기능스위치	자동차용	개	1	타이로드 엔드	자동차용	개	1
릴레이	자동차용	개	1	타이밍벨트	자동차용	개	1
메인퓨즈	자동차용	개	1	휘발유(가솔린)	자동차용	리터	3
발전기	자동차용	개	1	경유(디젤)	자동차용	리터	2
밸브스템실	자동차용	개	1	브레이크오일	자동차용	리터	1
브레이크캘리퍼어셈블리	자동차용	개	1	액상개스킷	자동차용	개	1
산소센서	자동차용	개	1	엔진오일	가솔린용	리터	4
스로틀바디어셈블리	자동차용	개	1	엔진오일	디젤용	리터	4
시동모터	자동차용	개	1	자동변속기오일	자동변속기용	리터	1
엔진개스킷	자동차용	개	1	전구	자동차용	개	1
연료펌프	자동차용	개	1	절연테이프	전기배선용	개	1
인젝터	자동차용	개	1	종이걸레	350×430	BOX	1
점화케이블	자동차용	개	1	축전지	자동차용	개	1
점화코일	자동차용	개	1	퓨즈	자동차용	개	1
점화플러그	자동차용	개	1				

※ 상기 목록은 실기시험문제의 형별 및 시험장 시설에 따라 변경될 수 있다.

1. 요구사항

(1) 엔진

① 주어진 엔진에서 시험위원의 지시에 따라 MLA와 배기캠 샤프트 탈거하고 (시험위원에게 확인) 다시 조립(부착)하여 시동 관련회로를 점검한 후 시동작업과 기록표의 요구사항을 점검 및 측정하고 기록표에 기록하시오.(단, 시동되지 않는 경우 "②"는 작업할 수 없음)

② 주어진 엔진에서 시험위원의 지시에 따라 기록표 요구사항을 점검 및 측정하여 기록하시오.

③ 주어진 자동차에서 크랭킹은 가능하나 시동되지 않고, 시동된 후에도 부조가 발생합니다.
   고장원인을 찾아 수리 후 기록표에 기록하시오.

(2) 섀시

① 주어진 자동차에서 시험위원의 지시에 따라 전륜(또는 후륜)의 한쪽 허브베어링을 탈거 교환하고 시험위원에게 확인 후, 다시 조립(부착)하여 작동상태를 확인하고, 기록표의 요구사항을 점검 및 측정하여 기록하시오.

② 전자제어 차체 자세 제어장치(VDC, ESP, ECS 등)가 설치된 자동차에서 시험위원의 지시에 따라 브레이크 캘리퍼를 탈거하고 시험위원에게 확인 후, 다시 조립(부착)하여 공기빼기 작업을 실시하고, 브레이크 작동상태를 점검한 후 기록표의 요구사항을 점검 및 측정하여 기록하시오.

(3) 전기

① 시험위원의 지시에 따라 자동차에서 라디에이터 팬을 탈거하고 시험위원에게 확인 후, 다시 조립(부착)하여 작동상태를 확인하고, 기록표의 요구사항을 점검 및 측정하고 기록표에 기록하시오.

② 주어진 자동차에서 정비지침서의 회로도를 이용하여 기록표에서 요구하는 회로를 점검하고, 이상내용을 기록표에 기록한 후 정비하시오.

③ 주어진 자동차에서 시험위원의 지시에 따라 기록표의 요구사항을 점검 및 측정하여 기록하시오.

2. 지급재료 목록

재료명	규격	단위	수량	재료명	규격	단위	수량
ECU	자동차용	개	1	중앙집중장치(ETACS)	자동차용	개	1
TDC센서	자동차용	개	1	크랭크축리테이너	자동차용	개	1
다기능스위치	자동차용	개	1	타이로드 엔드	자동차용	개	1
릴레이	자동차용	개	1	타이밍벨트	자동차용	개	1
메인퓨즈	자동차용	개	1	휘발유(가솔린)	자동차용	리터	3
발전기	자동차용	개	1	경유(디젤)	자동차용	리터	2
밸브스템실	자동차용	개	1	브레이크오일	자동차용	리터	1
브레이크캘리퍼어셈블리	자동차용	개	1	액상개스킷	자동차용	개	1
산소센서	자동차용	개	1	엔진오일	가솔린용	리터	4
스로틀바디어셈블리	자동차용	개	1	엔진오일	디젤용	리터	4
시동모터	자동차용	개	1	자동변속기오일	자동변속기용	리터	1
엔진개스킷	자동차용	개	1	전구	자동차용	개	1
연료펌프	자동차용	개	1	절연테이프	전기배선용	개	1
인젝터	자동차용	개	1	종이걸레	350×430	BOX	1
점화케이블	자동차용	개	1	축전지	자동차용	개	1
점화코일	자동차용	개	1	퓨즈	자동차용	개	1
점화플러그	자동차용	개	1				

※ 상기 목록은 실기시험문제의 형별 및 시험장 시설에 따라 변경될 수 있다.

1. 요구사항

(1) 엔진

① 주어진 전자제어 엔진에서 시험위원의 지시에 따라 배기캠축을 탈거하여 오토래쉬(H L A)를 교환하고 시험위원에게 확인 후, 다시 조립(부착)하여 엔진 및 시동 관련 회로를 점검한 후 시동작업과 기록표의 요구사항을 점검 및 측정하고 기록표에 기록하시오.(단, 시동되지 않는 경우 "②"는 작업할 수 없음)

② 주어진 엔진에서 시험위원의 지시에 따라 기록표 요구사항을 점검 및 측정하여 기록하시오.

③ 주어진 자동차에서 크랭킹은 가능하나 시동되지 않고, 시동된 후에도 부조가 발생합니다.
고장원인을 찾아 수리 후 기록표에 기록하시오.

(2) 섀시

① 주어진 자동차에서 시험위원의 지시에 따라 전륜 현가장치의 로어암을 탈거하고 시험위원에게 확인 후, 다시 조립(부착)하여 조향장치 작동상태를 점검한 후 기록표의 요구사항을 점검 및 측정하여 기록하시오.

② 주어진 자동차에서 시험위원의 지시에 따라 유압식 동력 조향장치 오일펌프를 탈거하고 시험위원에게 확인 후, 다시 조립(부착)하여 공기빼기 작업을 실시하고, 조향장치 작동상태를 확인하고, 기록표의 요구사항을 점검 및 측정하여 기록하시오.

(3) 전기

① 시험위원의 지시에 따라 자동차에서 와이퍼모터를 탈거하고 시험위원에게 확인후, 다시 조립(부착)하여 작동상태를 확인하고, 기록표의 요구사항을 점검 및 측정하고 기록표에 기록하시오.

② 주어진 자동차에서 정비지침서의 회로도를 이용하여 기록표에서 요구하는 회로를 점검하고, 이상내용을 기록표에 기록한 후 정비하시오.

③ 주어진 자동차에서 시험위원의 지시에 따라 기록표의 요구사항을 점검 및 측정하여 기록하시오.

2. 지급재료 목록

재료명	규격	단위	수량	재료명	규격	단위	수량
ECU	자동차용	개	1	중앙집중장치(ETACS)	자동차용	개	1
TDC센서	자동차용	개	1	크랭크축리테이너	자동차용	개	1
다기능스위치	자동차용	개	1	타이로드 엔드	자동차용	개	1
릴레이	자동차용	개	1	타이밍벨트	자동차용	개	1
메인퓨즈	자동차용	개	1	휘발유(가솔린)	자동차용	리터	3
발전기	자동차용	개	1	경유(디젤)	자동차용	리터	2
밸브스템실	자동차용	개	1	브레이크오일	자동차용	리터	1
브레이크캘리퍼어셈블리	자동차용	개	1	액상개스킷	자동차용	개	1
산소센서	자동차용	개	1	엔진오일	가솔린용	리터	4
스로틀바디어셈블리	자동차용	개	1	엔진오일	디젤용	리터	4
시동모터	자동차용	개	1	자동변속기오일	자동변속기용	리터	1
엔진개스킷	자동차용	개	1	전구	자동차용	개	1
연료펌프	자동차용	개	1	절연테이프	전기배선용	개	1
인젝터	자동차용	개	1	종이걸레	350×430	BOX	1
점화케이블	자동차용	개	1	축전지	자동차용	개	1
점화코일	자동차용	개	1	퓨즈	자동차용	개	1
점화플러그	자동차용	개	1				

※ 상기 목록은 실기시험문제의 형별 및 시험장 시설에 따라 변경될 수 있다.

1. 요구사항

(1) 엔진

① 주어진 엔진에서 시험위원의 지시에 따라 MLA와 흡기캠 샤프트 탈거하고 (시험위원에게 확인) 다시 조립(부착)하여 시동 관련회로를 점검한 후 시동작업과 기록표의 요구사항을 점검 및 측정하고 기록표에 기록하시오.(단, 시동되지 않는 경우 "②"는 작업할 수 없음)

② 주어진 엔진에서 시험위원의 지시에 따라 기록표 요구사항을 점검 및 측정하여 기록하시오.

③ 주어진 자동차에서 크랭킹은 가능하나 시동되지 않고, 시동된 후에도 부조가 발생합니다.
고장원인을 찾아 수리 후 기록표에 기록하시오.

(2) 섀시

① 주어진 자동차에서 시험위원의 지시에 따라 ABS모듈을 탈거하고(시험위원에게 확인) 다시 조립(부착)하여 브레이크장치 작동상태를 점검한 후 기록표의 요구사항을 점검 및 측정하여 기록하시오.

② 주어진 전자제어 유압식 동력 조향장치(EPS) 및 전동식 동력 조향장치(MDPS) 자동차에서 시험위원의 지시에 따라 파워 펌프를 교환(탈·부착)하여 공기빼기 작업을 실시하고, 조향장치 작동상태를 확인하고, 기록표의 요구사항을 점검 및 측정 하여 기록하시오.

(3) 전기

① 주어진 자동차에서 시험위원의 지시에 따라 중앙집중제어장치(BCM, ETACS, ISU)를 탈거한 후(시험위원에게 확인) 새로운 중앙집중제어장치을 (조립)부착하여 리모컨을 입력 시킨 후 작동상태를 확인하고 기록표에 기록하시오.

② 주어진 자동차에서 정비지침서의 회로도를 이용하여 기록표에서 요구하는 회로를 점검하고, 이상내용을 기록표에 기록한 후 정비하시오.

③ 주어진 자동차에서 시험위원의 지시에 따라 기록표의 요구사항을 점검 및 측정하여 기록하시오.

2. 지급재료 목록

재료명	규격	단위	수량	재료명	규격	단위	수량
ECU	자동차용	개	1	중앙집중장치(ETACS)	자동차용	개	1
TDC센서	자동차용	개	1	크랭크축리테이너	자동차용	개	1
다기능스위치	자동차용	개	1	타이로드 엔드	자동차용	개	1
릴레이	자동차용	개	1	타이밍벨트	자동차용	개	1
메인퓨즈	자동차용	개	1	휘발유(가솔린)	자동차용	리터	3
발전기	자동차용	개	1	경유(디젤)	자동차용	리터	2
밸브스템실	자동차용	개	1	브레이크오일	자동차용	리터	1
브레이크캘리퍼어셈블리	자동차용	개	1	액상개스킷	자동차용	개	1
산소센서	자동차용	개	1	엔진오일	가솔린용	리터	4
스로틀바디어셈블리	자동차용	개	1	엔진오일	디젤용	리터	4
시동모터	자동차용	개	1	자동변속기오일	자동변속기용	리터	1
엔진개스킷	자동차용	개	1	전구	자동차용	개	1
연료펌프	자동차용	개	1	절연테이프	전기배선용	개	1
인젝터	자동차용	개	1	종이걸레	350×430	BOX	1
점화케이블	자동차용	개	1	축전지	자동차용	개	1
점화코일	자동차용	개	1	퓨즈	자동차용	개	1
점화플러그	자동차용	개	1				

※ 상기 목록은 실기시험문제의 형별 및 시험장 시설에 따라 변경될 수 있다.

1. 요구사항

⑴ 엔진

① 주어진 전자제어 엔진에서 시험위원의 지시에 따라 흡기캠축과 오일펌프를 탈거하고 시험위원에게 확인 후, 다시 조립(부착)하여 엔진 및 시동 관련회로를 점검한 후 시동작업과 기록표의 요구사항을 점검 및 측정하고 기록표에 기록하시오.(단, 시동되지 않는 경우 "②''는 작업할 수 없음)

② 주어진 엔진에서 시험위원의 지시에 따라 기록표 요구사항을 점검 및 측정하여 기록하시오.

③ 주어진 자동차에서 크랭킹은 가능하나 시동되지 않고, 시동된 후에도 부조가 발생합니다.
고장원인을 찾아 수리 후 기록표에 기록하시오.

⑵ 섀시

① 주어진 자동차에서 시험위원의 지시에 따라 전륜(또는 후륜)의 한쪽 허브베어링을 탈거하고 시험위원에게 확인 후, 다시 조립(부착)하여 작동상태를 확인하고, 기록표의 요구사항을 점검 및 측정하여 기록하시오.

② 주어진 자동차에서 시험위원의 지시에 따라 등속 조인트를 탈거하여 부트를 교환 한 다음 시험위원에게 확인 후, 다시 조립(부착)하여 작동상태를 점검한 후 기록표의 요구사항을 점검 및 측정하여 기록하시오.

⑶ 전기

① 시험위원의 지시에 따라 자동차에서 파워 윈도우 레귤레이터를 탈거하고 시험위원에게 확인 후, 다시 조립(부착)하여 작동상태를 확인하고, 기록표의 요구사항을 점검 및 측정하고 기록표에 기록하시오.

② 주어진 자동차에서 정비지침서의 회로도를 이용하여 기록표에서 요구하는 회로를 점검하고, 이상내용을 기록표에 기록한 후 정비하시오.

③ 주어진 자동차에서 시험위원의 지시에 따라 기록표의 요구사항을 점검 및 측정하여 기록하시오.

2. 지급재료 목록

재료명	규격	단위	수량	재료명	규격	단위	수량
ECU	자동차용	개	1	중앙집중장치(ETACS)	자동차용	개	1
TDC센서	자동차용	개	1	크랭크축리테이너	자동차용	개	1
다기능스위치	자동차용	개	1	타이로드 엔드	자동차용	개	1
릴레이	자동차용	개	1	타이밍벨트	자동차용	개	1
메인퓨즈	자동차용	개	1	휘발유(가솔린)	자동차용	리터	3
발전기	자동차용	개	1	경유(디젤)	자동차용	리터	2
밸브스템실	자동차용	개	1	브레이크오일	자동차용	리터	1
브레이크캘리퍼어셈블리	자동차용	개	1	액상개스킷	자동차용	개	1
산소센서	자동차용	개	1	엔진오일	가솔린용	리터	4
스로틀바디어셈블리	자동차용	개	1	엔진오일	디젤용	리터	4
시동모터	자동차용	개	1	자동변속기오일	자동변속기용	리터	1
엔진개스킷	자동차용	개	1	전구	자동차용	개	1
연료펌프	자동차용	개	1	절연테이프	전기배선용	개	1
인젝터	자동차용	개	1	종이걸레	350×430	BOX	1
점화케이블	자동차용	개	1	축전지	자동차용	개	1
점화코일	자동차용	개	1	퓨즈	자동차용	개	1
점화플러그	자동차용	개	1				

※ 상기 목록은 실기시험문제의 형별 및 시험장 시설에 따라 변경될 수 있다.

1. 요구사항

(1) 엔진

① 주어진 전자제어 디젤 엔진에서 시험위원의 지시에 따라 크랭크축 리테이너와 고압연료 펌프를 탈거하고 시험위원에게 확인 후, 다시 조립(부착)하여 엔진 및 시동 관련회로를 점검한 후 시동작업과 기록표의 요구사항을 점검 및 측정하고 기록표에 기록하시오.(단, 시동되지 않는 경우 "②"항목은 작업할 수 없음)

② 주어진 엔진에서 시험위원의 지시에 따라 기록표 요구사항을 점검 및 측정하여 기록하시오.

③ 주어진 자동차에서 크랭킹은 가능하나 시동되지 않고, 시동된 후에도 부조가 발생합니다.
고장원인을 찾아 수리 후 기록표에 기록하시오.

(2) 섀시

① 주어진 자동차에서 시험위원의 지시에 따라 전륜 현가장치의 쇽업쇼버 코일 스프링을 탈거하고 시험위원에게 확인 받은 후, 다시 조립(부착)하여 작동상태를 확인하고, 기록표의 요구사항을 점검 및 측정하여 기록하시오.

② 주어진 전자제어 자동변속기 자동차에서 시험위원의 지시에 따라 인히비터 스위치를 탈거하고 시험위원에게 확인 후, 다시 조립(부착)하여 작동상태를 확인하고, 기록표의 요구사항을 점검 및 측정하여 기록하시오.

(3) 전기

① 시험위원의 지시에 따라 자동차에서 에어컨 가스를 회수하고 에어컨 컴프레셔를 탈·부착작업 후 가스를 충전시킨 다음, 작동상태를 확인하고, 기록표의 요구사항을 점검 및 측정하고 기록표에 기록하시오.

② 주어진 자동차에서 정비지침서의 회로도를 이용하여 기록표에서 요구하는 회로를 점검하고, 이상내용을 기록표에 기록한 후 정비하시오.

③ 주어진 자동차에서 시험위원의 지시에 따라 기록표의 요구사항을 점검 및 측정하여 기록하시오.

2. 지급재료 목록

재료명	규격	단위	수량	재료명	규격	단위	수량
ECU	자동차용	개	1	중앙집중장치(ETACS)	자동차용	개	1
TDC센서	자동차용	개	1	크랭크축리테이너	자동차용	개	1
다기능스위치	자동차용	개	1	타이로드 엔드	자동차용	개	1
릴레이	자동차용	개	1	타이밍벨트	자동차용	개	1
메인퓨즈	자동차용	개	1	휘발유(가솔린)	자동차용	리터	3
발전기	자동차용	개	1	경유(디젤)	자동차용	리터	2
밸브스템실	자동차용	개	1	브레이크오일	자동차용	리터	1
브레이크캘리퍼어셈블리	자동차용	개	1	액상개스킷	자동차용	개	1
산소센서	자동차용	개	1	엔진오일	가솔린용	리터	4
스로틀바디어셈블리	자동차용	개	1	엔진오일	디젤용	리터	4
시동모터	자동차용	개	1	자동변속기오일	자동변속기용	리터	1
엔진개스킷	자동차용	개	1	전구	자동차용	개	1
연료펌프	자동차용	개	1	절연테이프	전기배선용	개	1
인젝터	자동차용	개	1	종이걸레	350×430	BOX	1
점화케이블	자동차용	개	1	축전지	자동차용	개	1
점화코일	자동차용	개	1	퓨즈	자동차용	개	1
점화플러그	자동차용	개	1				

※ 상기 목록은 실기시험문제의 형별 및 시험장 시설에 따라 변경될 수 있다.

1. 요구사항

(1) 엔진

① 주어진 전자제어 디젤엔진에서 시험위원의 지시에 따라 타이밍벨트의 아이들(공전)베어링과 고압펌프를 탈거하고 시험위원에게 확인 후, 다시 조립(부착)하여 엔진 및 시동 관련회로를 점검한 후 시동작업과 기록표의 요구사항을 점검 및 측정하고 기록표에 기록하시오.(단, 시동되지 않는 경우 "②"는 작업할 수 없음)

② 주어진 엔진에서 시험위원의 지시에 따라 기록표 요구사항을 점검 및 측정하여 기록하시오.

③ 주어진 자동차에서 크랭킹은 가능하나 시동되지 않고, 시동된 후에도 부조가 발생합니다.
  고장원인을 찾아 수리 후 기록표에 기록하시오.

(2) 섀시

① 주어진 자동차에서 시험위원의 지시에 따라 전륜(또는 후륜)의 한쪽 허브베어링을 탈거하고 시험위원에게 확인 후, 다시 조립(부착)하여 작동상태를 확인하고, 기록표의 요구사항을 점검 및 측정하여 기록하시오.

② 주어진 전자제어 자동변속기 자동차에서 시험위원의 지시에 따라 인히비터 스위치를 탈거하고 시험위원에게 확인 후, 다시 조립(부착)하여 작동상태를 확인하고, 기록표의 요구사항을 점검 및 측정하여 기록하시오.

(3) 전기

① 시험위원의 지시에 따라 자동차에서 라디에이터 팬을 탈거하고 시험위원에게 확인 후, 다시 조립(부착)하여 작동상태를 확인하고, 기록표의 요구사항을 점검 및 측정하고 기록표에 기록하시오.

② 주어진 자동차에서 정비지침서의 회로도를 이용하여 기록표에서 요구하는 회로를 점검하고, 이상내용을 기록표에 기록한 후 정비하시오.

③ 주어진 자동차에서 시험위원의 지시에 따라 기록표의 요구사항을 점검 및 측정하여 기록하시오.

2. 지급재료 목록

재료명	규격	단위	수량	재료명	규격	단위	수량
ECU	자동차용	개	1	중앙집중장치(ETACS)	자동차용	개	1
TDC센서	자동차용	개	1	크랭크축리테이너	자동차용	개	1
다기능스위치	자동차용	개	1	타이로드 엔드	자동차용	개	1
릴레이	자동차용	개	1	타이밍벨트	자동차용	개	1
메인퓨즈	자동차용	개	1	휘발유(가솔린)	자동차용	리터	3
발전기	자동차용	개	1	경유(디젤)	자동차용	리터	2
밸브스템실	자동차용	개	1	브레이크오일	자동차용	리터	1
브레이크캘리퍼어셈블리	자동차용	개	1	액상개스킷	자동차용	개	1
산소센서	자동차용	개	1	엔진오일	가솔린용	리터	4
스로틀바디어셈블리	자동차용	개	1	엔진오일	디젤용	리터	4
시동모터	자동차용	개	1	자동변속기오일	자동변속기용	리터	1
엔진개스킷	자동차용	개	1	전구	자동차용	개	1
연료펌프	자동차용	개	1	절연테이프	전기배선용	개	1
인젝터	자동차용	개	1	종이걸레	350×430	BOX	1
점화케이블	자동차용	개	1	축전지	자동차용	개	1
점화코일	자동차용	개	1	퓨즈	자동차용	개	1
점화플러그	자동차용	개	1				

※ 상기 목록은 실기시험문제의 형별 및 시험장 시설에 따라 변경될 수 있다.

1. 요구사항

(1) 엔진

① 주어진 전자제어 엔진에서 시험위원의 지시에 따라 타이밍벨트(체인)와 스로틀바디를 탈거하고 시험위원에게 확인 후, 다시 조립(부착)하여 엔진 및 시동 관련회로를 점검한 후 시동작업과 기록표의 요구사항을 점검 및 측정하고 기록표에 기록하시오.(단, 시동되지 않는 경우 "②"는 작업할 수 없음)

② 주어진 엔진에서 시험위원의 지시에 따라 기록표 요구사항을 점검 및 측정하여 기록하시오.

③ 주어진 자동차에서 크랭킹은 가능하나 시동되지 않고, 시동된 후에도 부조가 발생합니다.
고장원인을 찾아 수리 후 기록표에 기록하시오.

(2) 섀시

① 주어진 자동차에서 시험위원의 지시에 따라 브레이크 마스터 실린더를 탈거하고 시험위원에게 확인 후, 다시 조립(부착)하여 작동상태를 확인하고, 기록표의 요구사항을 점검 및 측정하여 기록하시오.

② 주어진 전자제어 유압식 동력 조향장치(EPS) 및 전동식 동력 조향장치(MDPS) 자동차에서 시험위원의 지시에 따라 파워펌프를 교환(탈·부착)하여 공기빼기 작업을 실시하고, 조향장치 작동상태를 확인하고, 기록표의 요구사항을 점검 및 측정하여 기록하시오.

(3) 전기

① 시험위원의 지시에 따라 자동차에서 시동모터를 탈거하고 시험위원에게 확인 후, 다시 조립(부착)하여 작동상태를 확인하고, 기록표의 요구사항을 점검 및 측정하고 기록표에 기록하시오.

② 주어진 자동차에서 정비지침서의 회로도를 이용하여 기록표에서 요구하는 회로를 점검하고, 이상내용을 기록표에 기록한 후 정비하시오.

③ 주어진 자동차에서 시험위원의 지시에 따라 기록표의 요구사항을 점검 및 측정하여 기록하시오.

2. 지급재료 목록

재료명	규격	단위	수량	재료명	규격	단위	수량
ECU	자동차용	개	1	중앙집중장치(ETACS)	자동차용	개	1
TDC센서	자동차용	개	1	크랭크축리테이너	자동차용	개	1
다기능스위치	자동차용	개	1	타이로드 엔드	자동차용	개	1
릴레이	자동차용	개	1	타이밍벨트	자동차용	개	1
메인퓨즈	자동차용	개	1	휘발유(가솔린)	자동차용	리터	3
발전기	자동차용	개	1	경유(디젤)	자동차용	리터	2
밸브스템실	자동차용	개	1	브레이크오일	자동차용	리터	1
브레이크캘리퍼어셈블리	자동차용	개	1	액상개스킷	자동차용	개	1
산소센서	자동차용	개	1	엔진오일	가솔린용	리터	4
스로틀바디어셈블리	자동차용	개	1	엔진오일	디젤용	리터	4
시동모터	자동차용	개	1	자동변속기오일	자동변속기용	리터	1
엔진개스킷	자동차용	개	1	전구	자동차용	개	1
연료펌프	자동차용	개	1	절연테이프	전기배선용	개	1
인젝터	자동차용	개	1	종이걸레	350×430	BOX	1
점화케이블	자동차용	개	1	축전지	자동차용	개	1
점화코일	자동차용	개	1	퓨즈	자동차용	개	1
점화플러그	자동차용	개	1				

※ 상기 목록은 실기시험문제의 형별 및 시험장 시설에 따라 변경될 수 있다.

1. 요구사항

⑴ 엔진

① 주어진 전자제어 엔진에서 시험위원의 지시에 따라 타이밍벨트와 가변밸브 타이밍 장치(CVVT 또는 VVT)를 탈거하여 시험위원에게 확인 받은 후 다시 부착하고, 엔진 및 시동 관련회로를 점검한 후 시동작업과 기록표의 요구사항을 점검 및 측정하고 기록표에 기록하시오.(단, 시동되지 않는 경우 "②"는 작업할 수 없음)

② 주어진 엔진에서 시험위원의 지시에 따라 기록표 요구사항을 점검 및 측정하여 기록하시오.

③ 주어진 자동차에서 크랭킹은 가능하나 시동되지 않고, 시동된 후에도 부조가 발생합니다.
고장원인을 찾아 수리 후 기록표에 기록하시오.

⑵ 섀시

① 주어진 자동차에서 시험위원의 지시에 따라 브레이크 마스터 실린더를 탈거하고 시험위원에게 확인 후, 다시 조립(부착)하여 작동상태를 확인하고, 기록표 요구사항을 점검 및 측정하여 기록하시오.

② 전자제어 차체 자세 제어장치(VDC, ESP, ECS 등)가 설치된 자동차에서 시험위원의 지시에 따라 브레이크 캘리퍼를 탈거하고 시험위원에게 확인 후, 다시 조립(부착)하여 공기빼기 작업을 실시하고, 브레이크 작동상태를 점검한 후 기록표의 요구사항을 점검 및 측정하여 기록하시오.

⑶ 전기

① 시험위원의 지시에 따라 자동차에서 실내 블로워 모터를 탈거하고 시험위원에게 확인후, 다시 조립(부착)하여 작동상태를 확인하고, 기록표의 요구사항을 점검 및 측정하고 기록표에 기록하시오.

② 주어진 자동차에서 정비지침서의 회로도를 이용하여 기록표에서 요구하는 회로를 점검하고, 이상내용을 기록표에 기록한 후 정비하시오.

③ 주어진 자동차에서 시험위원의 지시에 따라 기록표의 요구사항을 점검 및 측정하여 기록하시오.

2. 지급재료 목록

재료명	규격	단위	수량	재료명	규격	단위	수량
ECU	자동차용	개	1	중앙집중장치(ETACS)	자동차용	개	1
TDC센서	자동차용	개	1	크랭크축리테이너	자동차용	개	1
다기능스위치	자동차용	개	1	타이로드 엔드	자동차용	개	1
릴레이	자동차용	개	1	타이밍벨트	자동차용	개	1
메인퓨즈	자동차용	개	1	휘발유(가솔린)	자동차용	리터	3
발전기	자동차용	개	1	경유(디젤)	자동차용	리터	2
밸브스템실	자동차용	개	1	브레이크오일	자동차용	리터	1
브레이크캘리퍼어셈블리	자동차용	개	1	액상개스킷	자동차용	개	1
산소센서	자동차용	개	1	엔진오일	가솔린용	리터	4
스로틀바디어셈블리	자동차용	개	1	엔진오일	디젤용	리터	4
시동모터	자동차용	개	1	자동변속기오일	자동변속기용	리터	1
엔진개스킷	자동차용	개	1	전구	자동차용	개	1
연료펌프	자동차용	개	1	절연테이프	전기배선용	개	1
인젝터	자동차용	개	1	종이걸레	350×430	BOX	1
점화케이블	자동차용	개	1	축전지	자동차용	개	1
점화코일	자동차용	개	1	퓨즈	자동차용	개	1
점화플러그	자동차용	개	1				

※ 상기 목록은 실기시험문제의 형별 및 시험장 시설에 따라 변경될 수 있다.

1. 요구사항

(1) 엔진

① 주어진 전자제어 엔진에서 시험위원의 지시에 따라 흡기캠축을 탈거하여 오토래쉬(HLA)를 교환하고 시험위원에게 확인 후, 다시 조립(부착)하여 엔진 및 시동 관련회로를 점검한 후 시동작업과 기록표의 요구사항을 점검 및 측정하고 기록표에 기록하시오.(단, 시동되지 않는 경우 "②"는 작업할 수 없음)

② 주어진 엔진에서 시험위원의 지시에 따라 기록표 요구사항을 점검 및 측정하여 기록하시오.

③ 주어진 자동차에서 크랭킹은 가능하나 시동되지 않고, 시동된 후에도 부조가 발생합니다.
고장원인을 찾아 수리 후 기록표에 기록하시오.

(2) 섀시

① 주어진 자동차에서 시험위원의 지시에 따라 유압식 동력 조향장치 오일펌프를 탈거하고 시험위원에게 확인 후, 다시 조립(부착)하여 조향장치 작동상태를 점검한 후 기록표의 요구사항을 점검 및 측정하여 기록하시오.

② 주어진 전자제어 유압식 동력 조향장치 자동차에서 시험위원의 지시에 따라 핸들 컬럼샤프트를 교환(탈·부착)하여 작동상태를 확인하고, 기록표의 요구사항을 점검 및 측정하여 기록하시오.

(3) 전기

① 시험위원의 지시에 따라 자동차에서 와이퍼 모터를 탈거하고 시험위원에게 확인 후, 다시 조립(부착)하여 작동상태를 확인하고, 기록표의 요구사항을 점검 및 측정하고 기록표에 기록하시오.

② 주어진 자동차에서 정비지침서의 회로도를 이용하여 기록표에서 요구하는 회로를 점검하고, 이상내용을 기록표에 기록한 후 정비하시오.

③ 주어진 자동차에서 시험위원의 지시에 따라 기록표의 요구사항을 점검 및 측정하여 기록하시오.

2. 지급재료 목록

재료명	규격	단위	수량	재료명	규격	단위	수량
ECU	자동차용	개	1	중앙집중장치(ETACS)	자동차용	개	1
TDC센서	자동차용	개	1	크랭크축리테이너	자동차용	개	1
다기능스위치	자동차용	개	1	타이로드 엔드	자동차용	개	1
릴레이	자동차용	개	1	타이밍벨트	자동차용	개	1
메인퓨즈	자동차용	개	1	휘발유(가솔린)	자동차용	리터	3
발전기	자동차용	개	1	경유(디젤)	자동차용	리터	2
밸브스템실	자동차용	개	1	브레이크오일	자동차용	리터	1
브레이크캘리퍼어셈블리	자동차용	개	1	액상개스킷	자동차용	개	1
산소센서	자동차용	개	1	엔진오일	가솔린용	리터	4
스로틀바디어셈블리	자동차용	개	1	엔진오일	디젤용	리터	4
시동모터	자동차용	개	1	자동변속기오일	자동변속기용	리터	1
엔진개스킷	자동차용	개	1	전구	자동차용	개	1
연료펌프	자동차용	개	1	절연테이프	전기배선용	개	1
인젝터	자동차용	개	1	종이걸레	350×430	BOX	1
점화케이블	자동차용	개	1	축전지	자동차용	개	1
점화코일	자동차용	개	1	퓨즈	자동차용	개	1
점화플러그	자동차용	개	1				

※ 상기 목록은 실기시험문제의 형별 및 시험장 시설에 따라 변경될 수 있다.